建筑电气设备知识及招标要素系列丛书

封闭母线知识及招标要素

中国建筑设计院有限公司　主编

U0300521

中国建筑工业出版社

图书在版编目（CIP）数据

封闭母线知识及招标要素/中国建筑设计院有限公司主编 . —北京：中国建筑工业出版社，2016.7

（建筑电气设备知识及招标要素系列丛书）

ISBN 978-7-112-19336-3

Ⅰ.①封⋯ Ⅱ.①中⋯ Ⅲ.①封闭母线-基本知识②封闭母线-电力工业-工业企业-招标-中国 Ⅳ.①TM645.1②F426.61

中国版本图书馆 CIP 数据核字（2016）第 075642 号

责任编辑：李玲洁　田启铭　张文胜
责任设计：王国羽
责任校对：陈晶晶　张　颖

建筑电气设备知识及招标要素系列丛书
封闭母线知识及招标要素
中国建筑设计院有限公司　主编

*

中国建筑工业出版社出版、发行（北京西郊百万庄）
各地新华书店、建筑书店经销
唐山龙达图文制作有限公司制版
北京市密东印刷有限公司印刷

*

开本：787×960 毫米　1/16　印张：4½　字数：64 千字
2016 年 5 月第一版　2016 年 5 月第一次印刷
定价：**16.00** 元
ISBN 978-7-112-19336-3
（28589）

编写委员会

主　　编：陈　琪（主审）

副主编：王　青（执笔）　李俊民（指导）

编著人员（按姓氏笔画排序）：

王　旭　王　青　王　健　王玉卿　王苏阳

尹　啸　李　喆　李沛岩　李建波　李俊民

沈　晋　祁　桐　张　青　张　雅　张雅维

陈　琪　陈　游　陈双燕　胡　桃　贺　琳

曹　磊

参编企业：

乐星电缆（无锡）有限公司　　　　　　　袁　宁

施耐德电气信息技术（中国）有限公司　　冯成华

珠海光乐电力母线槽有限公司　　　　　　雷清华

编 制 说 明

　　建筑电气设备知识及招标要素系列丛书是为了提高工程建设过程中，电气建造质量所做的尝试。

　　在工程建设过程中，电气部分涉及面很广，系统也越来越多，稍有不慎，将造成极大的安全隐患。

　　这套系列丛书以招标文件为引导，普及了大量电气设备制造过程中的实用基础知识，不仅为建设、设计、施工、咨询、监理等人员提供了实际工作中常见的技术设计要点，还为他们了解、采购性价比高的产品提供支持帮助。

　　本册为封闭母线知识及招标要素，第 1 篇给出了封闭母线招标文件的技术部分；第 2 篇叙述了封闭母线制造方面的基础知识；为了使读者更好地掌握封闭母线的技术特点，第 3 篇摘录了部分封闭母线的产品制造标准；为了帮助建设、设计、施工、咨询、监理对项目有一个大致估算，第 4 篇提供了部分产品介绍及市场报价。

　　在此，特别感谢乐星电缆（无锡）有限公司（简称厂家 1）、施耐德电气信息技术（中国）有限公司（简称厂家 2）、珠海光乐电力母线槽有限公司（简称厂家 3）提供的技术支持。

　　注意书中下划线内容，应根据工程项目特点修改。

　　总之，尝试就会有缺陷、错误，希望建设、设计、施工、咨询、监理单位，在参考建筑电气设备知识及招标要素系列丛书时，如有意见或建议，请寄送中国建筑设计院有限公司（地址：北京市车公庄大街 19 号，邮政编码 100044）。

中国建筑设计院有限公司

2016 年 5 月

目　　录

第1篇 母线槽的招标文件

第1章 总 则

1.0.1 投标厂家必须是持有国家相关行业管理部门颁发的生产资质证明文件的母线槽专业生产企业，投标母线槽产品应全部通过国家质量认证中心强制性3C认证等。

1.0.2 投标厂家必须提供符合招标文件内的各个电流的极限温升报告，该温升报告内应有外形照片、导体规格、通过试验电流及各检测点的温升。

1.0.3 投标厂家必须通过 ISO 9001—2000 质量管理体系认证证书，ISO 14001 环境管理体系认证。

1.0.4 投标厂家应是专业母线槽生产企业，且连续三年无实际性投诉。

1.0.5 生产企业必须提供有效的产品型式试验报告。

第2章 招标内容

母线槽的制造、运输和现场安装调试以及与之相关的技术服务和专用工具、技术资料，以及两年备品备件清单及价格。两年备品备件的定义是为保证设备质量保修期满后两年内所应准备随时可以更换的、足够数量的备品备件。质量保修期内发生的更换按照合同条款执行。

第3章 使用环境

环境温度在____−45～45℃____。

周围空气温度不高于__40℃__、温度下限为__−10℃__。

部分厂家的母线槽使用环境温度见表1.3-1。

部分厂家的母线使用环境温度 　　　　　表 1.3-1

技术指标　＼　厂家名称	厂家 1	厂家 2	厂家 3
环境温度	—15～55℃	—45～45℃	—45～45℃
周围空气温度不高于	60℃	40℃	60℃
温度下限	—15℃	—25℃	—40℃

相对湿度：相对湿度不超过＿＿＿＿＿％（当周围空气温度为＋20℃）。

部分厂家的母线槽使用环境湿度见表 1.3-2。

部分厂家的母线使用环境湿度 　　　　　表 1.3-2

技术指标　＼　厂家名称	厂家 1	厂家 2	厂家 3
相对湿度	≤90%	≤95%	≤100%

海拔高度：海拔高度在＿2000m 以下＿。

部分厂家的母线槽使用的海拔高度见表 1.3-3。

部分厂家的母线使用的海拔高度 　　　　　表 1.3-3

技术指标　＼　厂家名称	厂家 1	厂家 2	厂家 3
海拔高度	≤2000m	≤2000m	≤2000m

第 4 章　遵循的规范、标准

《低压成套开关设备和控制设备　第 1 部分：型式试验和部分型式试验成套设备》GB 7251.1—2013

《低压成套开关设备和控制设备　第 2 部分：对母线干线系统（母线槽）的特殊要求》GB 7251.2—2006

《电工用铜、铝及其合金母线　第 1 部分：铜和铜合金母线》GB/T 5585.1—2005

《金属封闭母线》GB/T 8349—2000

《空气绝缘母线干线系统（空气绝缘母线槽）》JB/T 8511—2011

《密集绝缘母线干线系统（密集绝缘母线槽）》JB/T 9662—2011

《耐火母线干线系统（耐火母线槽）》JB/T 10327—2011

《封闭母线》JB/T 9639—1999

第5章　主要技术要求

5.1　母线槽电气技术基本参数

5.1.1　额定绝缘电压　AC1000V　，额定工作电压　AC400V±10％　。

母线槽的额定电压要求见表1.5-1。

母线槽的额定电压要求　　　　　　　　　　　表 1.5-1

技术指标　　　厂家名称	厂家1	厂家2	厂家3
额定绝缘电压	AC1000V	AC1000V	AC1000V
额定工作电压	380～1000V	AC690V	AC690V

5.1.2　额定工作频率　50Hz　。

母线槽的额定工作频率见表1.5-2。

母线槽的额定工作频率　　　　　　　　　　　表 1.5-2

技术指标　　　厂家名称	厂家1	厂家2	厂家3
额定工作频率	50Hz	50Hz/60Hz	50Hz

5.1.3　电气间隙≥_____mm。

母线槽的电气间隙见表1.5-3。

母线槽的电气间隙　　　　　　　　　　　表 1.5-3

技术指标　　　厂家名称	厂家1	厂家2	厂家3
电气间隙	≥10mm	≥8mm	≥10mm

5.1.4 爬电距离≥_____mm。

母线槽的爬电距离见表1.5-4。

母线槽的爬电距离　　　　　　　　　　表 1.5-4

技术指标 ＼ 厂家名称	厂家 1	厂家 2	厂家 3
爬电距离	≥12mm	≥16mm	≥12mm

5.1.5 母线槽内部导体极限温升≤_____K。

母线槽内部导体极限温升见表1.5-5。

母线槽内部导体极限温升　　　　　　　表 1.5-5

技术指标 ＼ 厂家名称	厂家 1	厂家 2	厂家 3
母线槽内部导体极限温升	≤70K	≤70K	≤70K

5.1.6 电压降：母线槽100m长功率因数为0.95时满负荷母线槽，电压降≤_____%。

母线槽内部导体极限温升见表1.5-6。

母线槽内部导体极限温升　　　　　　　表 1.5-6

技术指标 ＼ 厂家名称	厂家 1	厂家 2	厂家 3
电压降	≤2%	≤2%	≤2%

5.2 材料要求

5.2.1 母线槽内导体及搭接导体采用 T2 电解铜作为导体材料，轧制成 TMY 电工硬铜排，电导率≥_____%，电阻率≤_____Ω·mm²/m，铜排纯度不低≥_____%，需提供第三方检验报告及有关证明资料。

母线槽内部电导率、电阻率、铜牌纯度见表1.5-7。

5.2.2 所有绝缘材料采用优质聚酯薄膜，全长成型包扎，中间无接口无空气泡，绝缘耐压≥_____kV/min，耐热等级为__B__级（≥130℃），需提供第三方检验报告及有关证明资料。

母线槽绝缘耐压参数、耐热等级见表1.5-8。

母线槽内部电导率、电阻率、铜牌纯度　　　　　　表 1.5-7

技术指标 ＼ 厂家名称	厂家1	厂家2	厂家3
电导率	≥98%	≥97.6%	≥97%
电阻率	≤0.017Ω·mm²/m	≤0.017Ω·mm²/m	≤0.017Ω·mm²/m
铜排纯度			≥99.95%

母线槽绝缘耐压参数、耐热等级　　　　　　表 1.5-8

技术指标 ＼ 厂家名称	厂家1	厂家2	厂家3
绝缘耐压	4kV/min	3.75kV/min	3.75kV/min
耐热等级	B级	B级	B级

5.2.3　母线槽系统外壳及侧板采用优质铝镁合金材料，表面要做防氧化处理，外壳保护电路连续性电阻≤_____Ω，需提供第三方检验报告及有关证明资料。

母线槽外壳保护电路连续性电阻参数见表1.5-9。

母线槽外壳保护电路连续性电阻参数　　　　　　表 1.5-9

技术指标 ＼ 厂家名称	厂家1	厂家2	厂家3
外壳保护电路连续性电阻	≤0.002Ω	≤0.007Ω	≤0.007Ω

5.3　线槽本体要求

5.3.1　母线槽的本体连接头，弯头，分接单元防护等级：地下室喷淋水平安装母线槽要求达到_____，机房井道内安装母线防护等级为__IP40__以上。

母线槽防护等级见表1.5-10。

母线槽防护等级 表 1.5-10

技术指标 ＼ 厂家名称	厂家 1	厂家 2	厂家 3
母线防护等级（地下室喷淋）	IP54～IP65	IP54	IP54
母线防护等级（机房井道）	IP54～IP65	IP54	IP54

5.3.2 极限温升：母线槽本体内导体、插接口及连接头≤＿＿＿＿K，外壳≤＿＿＿＿K，并提供各个电流的温升实验报告。

母线槽本体内导体、插接口、连接头及外壳的极限温升见表 1.5-11。

本体内导体、插接口、连接头及外壳的极限温升 表 1.5-11

技术指标 ＼ 厂家名称	厂家 1	厂家 2	厂家 3
极限温升（母线槽本体内导体、插接口、连接头）	≤70K	≤70K	≤70K
极限温升（外壳）	≤50K	≤50K	≤50K

5.3.3 母线槽为三相五线制（TN-S 系统），N 线与相线导体截面等同，PE 线不少于相线＿＿＿＿％的截面积。

母线槽 PE 线占相线百分比参数见表 1.5-12。

母线槽 PE 线占相线百分比参数 表 1.5-12

技术指标 ＼ 厂家名称	厂家 1	厂家 2	厂家 3
PE 线不少于相线的截面积比例	50％	50％	50％
标书要求			母线槽及插接口处全长采用密集型，不允许本体密集型，插接口空气型，以防插接口温升过高
机械强度			母线槽外壳要求全部使用金属材料，不允许存在塑料材质的附件及配件

5.4 插接箱及插接口的技术要求

5.4.1 插接口导体电气间隙≥＿＿＿＿mm。

插接口导体电气间隙参数见表 1.5-13。

插接口导体电气间隙参数　　　　　　　表 1.5-13

技术指标＼厂家名称	厂家 1	厂家 2	厂家 3
电气间隙	≥15mm	≥15mm	≥15mm

5.4.2　爬电距离≥_____mm。

插接口爬电距离参数见表 1.5-14。

插接口爬电距离参数　　　　　　　表 1.5-14

技术指标＼厂家名称	厂家 1	厂家 2	厂家 3
爬电距离	≥18mm	≥16mm	≥18mm

5.4.3　极限温升≤_____K。

插接口极限温升参数见表 1.5-15。

插接口极限温升参数　　　　　　　表 1.5-15

技术指标＼厂家名称	厂家 1	厂家 2	厂家 3
极限温升	55K	70K	70K

5.4.4　插接口要有防反插功能。

5.4.5　所有插接口防护等级不低于 IP_____。

插接口防护等级参数见表 1.5-16。

插接口防护等级参数　　　　　　　表 1.5-16

技术指标＼厂家名称	厂家 1	厂家 2	厂家 3
防护等级	≥IP54	≥IP54	≥IP54

5.4.6　插接箱外壳采用_____。

插接箱外壳材料见表 1.5-17。

插接箱外壳材料　　　　　　　　　　　　　　表 1.5-17

技术指标 ＼ 厂家名称	厂家 1	厂家 2	厂家 3
插接箱外壳材料	镀锌板	镀锌板	铝合金材料

5.4.7　插接箱带机构联锁装置，开关在合闸位置时实现无法插拔功能。

5.5　连接头

5.5.1　双导体母线大电流母线槽，每相为双导排时，每个连接头的连接导体片必须同时连接两块导电排，以防电流通过不均以及造成回流。

5.5.2　连接头自动伸缩功能：每个连接头必须有自动伸缩功能，伸缩长度为_____mm。

连接头伸缩长度参数见表 1.5-18。

连接头伸缩长度参数　　　　　　　　　　　　表 1.5-18

技术指标 ＼ 厂家名称	厂家 1	厂家 2	厂家 3
连接头伸缩长度	0～17mm	－12～12mm	5～15mm

5.5.3　连接头防脱离结构：每个连接头必须有防脱结构，以防止安装或伸缩而被拉断。

5.5.4　母线本体便于安装，导体不允许有冲孔，以防接触面减少而发热。

5.5.5　连接头的各个部位必须要有全密封措施，防护等级要达到与本体相同等级 IP54（提供样品验证）。

5.6　过渡连接/跨接及安装支架

5.6.1　母线槽与变压器连接采用软连接表面镀银或镀锡。

5.6.2　母线槽与配电柜连接采用 T2 电解铜轧成 TMY 铜排表面镀银或

镀锡。

5.6.3 垂直安装要配弹簧支架,调节距离不少于5mm,支架底座要采用槽钢要有足够的强度,垂直长度超过3m要求安装中间支架。

5.6.4 吊架采用角钢热镀锌,该吊架要有调节功能,吊架下部位不允许有长出。

5.7 耐火母线槽本体要求

5.7.1 母线槽的本体连接头、弯头、分接单元防护等级:耐火母线槽要求达到IP65。

5.7.2 极限温升:母线槽本体内导体、插接口及连接头≤_____K,外壳≤_____K,并提供各个电流的温升实验报告。

耐火母线槽极限温升参数见表1.5-19。

耐火母线槽极限温升参数   表1.5-19

技术指标 \ 厂家名称	厂家1	厂家2	厂家3
极限温升(母线槽本体内导体、插接口、连接头)		≤105K	≤105K
极限温升(外壳)		≤55K	≤55K

5.7.3 母线槽为三相五线制(TN-S系统),N线与相线导体截面等同,PE线不少于相线_____%的截面积。

耐火母线槽PE线占相线百分比参数见表1.5-20。

耐火母线槽PE线占相线百分比参数   表1.5-20

技术指标 \ 厂家名称	厂家1	厂家2	厂家3
PE线不少于相线的截面积比例	50%	50%	50%

5.7.4 为了防止假冒伪劣产品,供货的产品必须是正品的合格产品,每节母线槽及插接箱上要求贴有国家认监委3C防伪标志,便于来货检验真假产品,不贴防伪标志一律拒收。

5.8 耐火母线槽耐火性能的技术要求

5.8.1 发电机引至配电柜及消防设备前端的母线应采用耐火母线槽。

5.8.2 耐火母线槽所有的电流规格应通过 3C 认证，耐火时间应不少于 60min。

第6章 运输、验收

6.1 运输

6.1.1 设备制造完成并通过试验后应及时包装，否则应得到切实的保护，确保其不受污损。

6.1.2 所有部件经妥善包装或装箱后，在运输过程中尚应采取其他防护措施，以免散失损坏或被盗。

6.1.3 在包装箱外应标明需方的订货号、发货号。

6.1.4 各种包装应能确保各零部件在运输过程中不致遭到损坏、丢失、变形、受潮和腐蚀。

6.1.5 包装箱上应有明显的包装储运图示标志。

6.1.6 整体产品或分别运输的部件都要适合运输和装载的要求。

6.1.7 随产品提供的技术资料应完整无缺。

6.2 验收

需交付下列材料供验收用：

1. 安装图。

2. 完整的测试和试运行报告。

第7章 技术资料

7.1 需方提供的资料

由需方提供母线的平、剖面布置图。

7.2　供方提供的资料

供方应按本技术规格书要求提供母线的资料，并对提供资料的正确性负责。供方提供的资料如下：

1. 母线详细样本及有关资料。

2. 建议的备品备件清单。

3. 专用工具清单。

4. 工厂试验通知。

5. 记录文件。

6. 合格证书及文件。

7. 安装指导手册。

8. 完成二次设计后列出的供货详细清单。

9. 部件安装详图。

10. C 型式实验报告试验项目：

（1）温升极限验证；

（2）母线槽系统，电气性能验证；

（3）介电性能验证；

（4）保护电路有效性验证；

（5）电气间隙和爬电距离验证；

（6）防护等级验证；

（7）结构强度验证；

（8）短路耐受强度验证；

（9）机械操作验证；

（10）耐压力性能试验；

（11）绝缘材料耐受非正常发热验证；

耐火母线除以上试验外：

（12）耐火水试验；

（13）耐火性能验证；

第8章　招标清单

招标清单　　　　　　　　　　　　　　　　表 1.8-1

序号	产品名称及型号规格	单位	数量	单价(元)	金额(元)	备注
1	铜导体密集型母线槽 630A	m	1			
2	连接器 630A	套	1			
3	水平弯头 630A	个	1			
4	垂直弯头 630A	个	1			
5	始端法兰 630A	个	1			
6	搭接铜牌 630A	套	1			
7	铜导体密集型母线槽 1000A	m	1			
8	连接器 1000A	套	1			
9	水平弯头 1000A	个	1			
10	垂直弯头 1000A	个	1			
11	始端法兰 1000A	个	1			
12	搭接铜牌 1000A		1			
13	插接箱(内装开关：160/3300　160A)	台	1			
14	插接箱(内装开关：160/3300　125A)	台	1			
15	进线箱	台	1			
16	弹簧支架	套	1			
17	水平吊架	套	1			
18	总价					

注：1. 此报价含运费、含税、不含吊架支架，不含安装，含现场免费指导安装；

2. 母线槽为三相五线制，防护等级 IP54；

3. 弯头标准尺寸 $L=500mm \times 500mm$ 按 1m 直线段的外径相应电流母线槽计价，超出部分按直线段计算，不另外计算加工费等其他费用；

4. 以上为图纸暂估数量，与实际数量有一定的差异，最终结算数量根据外径直线段封闭母线的实际用量为准。

第 2 篇　母线槽基础知识及技术参数

第 1 章　母线槽概述

母线槽是由美国开发出来的、称之为"Bus-Way-System"的新的电路方式，它以铜或铝作为导体、用非烯性绝缘支撑，然后装到金属槽中而形成的新型导体。在日本真正实际应用是在 1954 年，自那以后母线槽得到了发展。如今在高屋建筑、工厂等电气设备、电力系统上成了不可缺少的配线方式。

由于大楼、工厂等各种建筑电力的需要，而且这种需要有逐年增加的趋势，使用原来的电路接线方式，即穿管方式，施工时带来许多困难。而且，当要变更配电系统时，要使其变简单一些几乎是不可能的。然而，如果采用母线槽的话，非常容易就可以达到目的，另外还可使建筑物变得更加美观。

第 2 章　母线槽的种类及运用场所

现阶段，民建、公建、工厂等常用建筑中低压母线槽系统涵盖如下几种类型的产品：密集型母线槽，空气型母线槽，耐火型母线槽，照明型母线槽，环氧树脂浇注型母线槽等。下面是对各种类型母线槽的分析：

2.1　密集型母线槽

密集型母线槽相与相及相与外壳均紧贴在一起，故能承受较大的电动应力和热应力，并能将导电排所产生的热量迅速散发，载流量大。接头用绝缘螺栓紧固，同时采用双连接铜排连接，有效增加了接头接触面积，大大降低了接头部位温升。

密集型母线槽插接口设置灵活方便，可设置大量的插口，通用性较强，当调整用电设备位置时，无需变动供电系统。其特点是载流能力大、散热更快、更轻便和体积减小。

密集型母线槽是目前市面上需求量最大，也是最常用的母线槽。

2.2 空气型母线槽

空气型母线槽母线导体选用高纯度电解铜，导体表面全长镀锡，提高了导体抗氧化腐蚀能力，加工后再用 PVC 管热缩处理，相间和对地用绝缘块隔开，铜母排得到双重绝缘保护，绝缘性能大大提高，然后封闭在接地的金属外壳内。空气型母线槽是传统母线槽最原始的结构，虽然起到双重绝缘的效果，但因其散热不好，载流能力低，体积庞大，在绝缘材料高度发展的今天已基本被淘汰。目前只在小于 400A 以下的场合适用。

2.3 耐火型母线槽

耐火型母线槽是一种特殊母线槽，是指在发生火灾情况下，这种母线槽能够保证消防设备、应急照明、避难层照明等电力输送干线持续工作，在一定时间内保持电路的完整性，确保救援、疏散等工作的进行，减小因火灾造成的损失。

耐火型母线槽由涂有防火涂料的外壳、包缠耐火云母带的母线和由耐火绝缘材料制成的支架组成。支架上开有多个凹槽，凹槽内置入母线并将其固定。在母线槽的一端有母线槽连接盒，在母线槽内有母线分接盒。耐火型母线槽具有优良的绝缘性能，既可在正常环境中连续使用，又可在 850℃高温环境中连续使用 3h 以上。

耐火型母线槽适用于消防水泵、消防风机、消防电梯、避难层照明、应急发电机等设备的电力干线输送。

2.4 照明型母线槽

照明型母线槽外壳采用铝合金型材，重量轻，耐腐蚀，稳定性强。型材结构合理，可实现 2m 以下大跨距安装，还可作为小型照明设备的安装支架。母线槽每隔 400mm 设置一插口，插接箱时可带电插接。采用积木式结构，具有快速、可靠的电气和机械连接件性能。所有电流等级母线槽采用同一规格外壳，连接处采用标准连接端子，通用性好。照明型母线槽利用绝缘件支承并隔开绝缘导线，用电安全可靠。采用通用的两孔、三孔插座，引出分支电源方便、快捷。其插座设置有利于三相负载均衡。提供各种现场安装方式，用户可根据需要灵活使用。

照明型母线槽的载流量很小，一般不超过 100A，属于空气型母线槽的一种。

照明型母线槽主要应用于高层建筑、宾馆、商场、办公室、学校、医院等中小负载但分支多的照明系统及用电场所。可以直接在母线槽本体上安装二、三相插座，灯泡、灯管插座。插取电方便、便宜安装、美观。

2.5　环氧树脂浇注型母线槽

环氧树脂浇注型母线槽是采用高性能的绝缘树脂，将母排直接浇注密封，防护等级达到 IP68，具有防水、防火、防腐、防爆等四防功能的新型无金属外壳母线槽。采用合理的"三明治"相线紧密叠压结构设计，母线槽外形更加紧凑、体积更小，并增强了母线系统的动热稳定性。

环氧树脂浇注型母线槽能适用于各种恶劣与高洁净环境，被广泛应用于造船、造纸、电厂、变电站、石油化工、钢铁冶金、机械电子和大型建筑等各种场所。

第 3 章　母线槽的结构及材质

3.1　母线槽系统整体结构

母线槽系统整体结构见图 2.3-1。

3.2　母线槽系统的组成部分

母线槽系统按结构分为：

1. 进线节，见图 2.3-2。

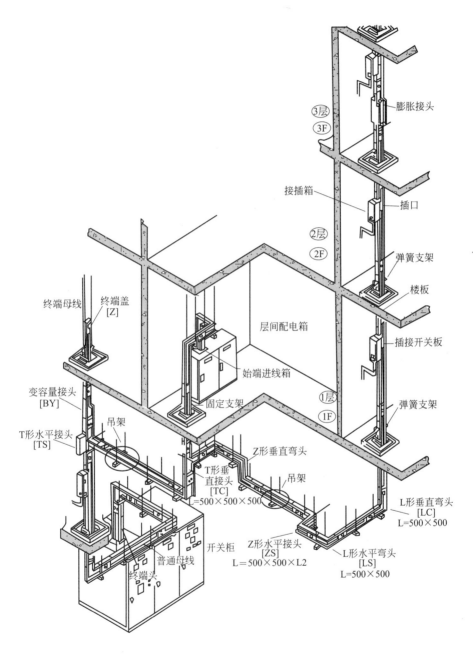

图 2.3-1　母线槽系统整体结构

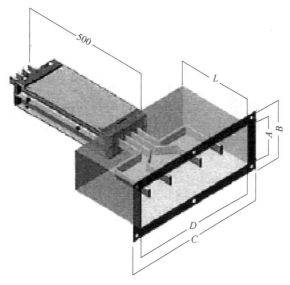

图 2.3-2　进线节

　　进线节是母线槽系统的始端，将母线槽本体内密集并排排列的铜排分开，以便于用铜排将将母线槽的每根铜排与开关柜相应铜排进行搭接。

　　2. 始端箱。

　　始端箱用于保护母线槽进线节与开关柜连接处，起到防水、防尘、防漏电的作用。

　　3. 母线槽直线段，见图 2.3-3。

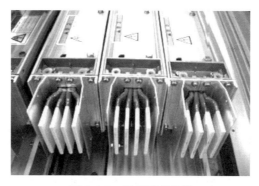

图 2.3-3　母线槽直线段

母线槽直线段是母线槽系统输送电力的主要组成部分。

4. 连接器及盖板，见图2.3-4。

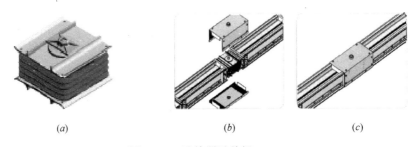

(a)   (b)   (c)

图 2.3-4　连接器及盖板

（a）连接器；（b）、（c）盖板

连接器用于连接母线槽直线段；盖板用于保护连接处，以防进入水和灰尘。

5. 变容节，见图2.3-5。

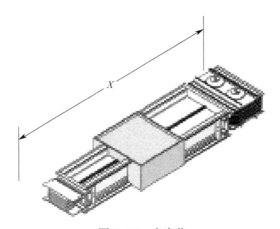

图 2.3-5　变容节

变容节为了实现单条母线的变容。

6. 插接箱及插接口，见图2.3-6。

插接箱用于向外接引电缆，利用电缆为其他用电设备供电，插接箱内设有开关断路器。

7. 各种弯头，见图2.3-7。

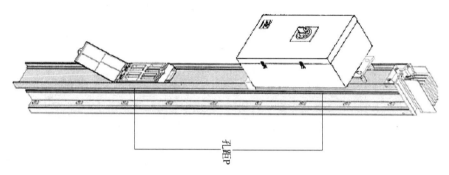

图 2.3-6　插接箱及插接口

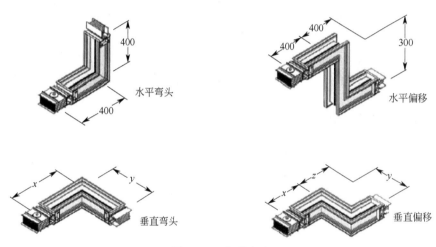

图 2.3-7　各种弯头

弯头用来实现母线槽在建筑内走向的改变。

8. 终端箱，见图 2.3-8。

终端箱用于保护母线槽系统末端。

9. 配件

配件包括支架、吊架等，用于固定、支撑水平和竖直方向母线槽。

图 2.3-8　终端箱

3.3　母线槽直线段内部结构

常用的结构有两种方式：三相四线制（外壳兼做 PE 线，见图 2.3-9）和

三相五线制（独立 PE 线，PE 线截面积为相线截面积的一半，见图 2.3-10）

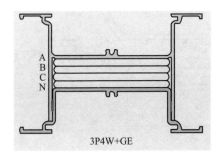
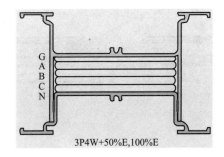

<table>
<tr><td>图 2.3-9　三相四线制</td><td>图 2.3-10　三相五线制</td></tr>
</table>

注：当外壳兼作 PE 线时，其外壳的电气连续性必须达到《建筑电气施工质量验收规范》GB 50303—2002 第 11.1.1 条的标准，即必须要保持在无盖板情况下的电气连续性足以达到输送事故电流的效果。

3.4　外壳结构

外壳是母线槽的重要组成部分，起到保护铜排及绝缘层不被因碰撞、摩擦、挤压等影响而遭到破坏的作用。另外，外壳的封闭性也决定了母线槽的防护等级。目前母线槽的常用防护等级标准有以下 4 种：即 IP40、IP54、IP65、IP68。

对防护等级的描述如下：

IP40：不防水。安装在竖井、变电站内等电气房间，防止 1mm 以上的异物进入。

IP54：防尘，防溅水。向外壳各个方向进溅水无有害影响。适用于密集型、空气型和照明型母线槽，一般安装于冷冻机房、水泵房等潮湿场所。

IP65：防密尘，防强烈喷水。对外壳各个方向强烈喷水无有害影响。适用于耐火母线槽，适用于地下车库设有向上喷淋的场所。

IP68：可以长时间浸泡在水中。民建一般用不到，多用于室外恶劣环境、海上作业平台、船厂等特殊场合。

几种产品的外壳结构见表 2.3-1。

外壳结构　　　　　　　　　　表 2.3-1

外壳结构图			
外壳形式	四片式	四片式	两片式
线制	4 线、5 线均可	4 线制,上片为铝制外壳做 PE 线	4 线、5 线均可

从外壳的结构形式上可以看出，两片式的外壳结构由于其接触缝只有 2 个，所以相对于四片式的结构防水防尘的性能更佳。目前绝大多数厂家用的还都是四片式的外壳结构。

3.5　盖板

盖板用来封闭连接器，以防止灰尘和水的进入，盖板的结构大致分为两种。即双面封闭和四面封闭。

1. 采用上下两片盖板，两侧面螺栓部分裸露。见图 2.3-11。

2. 采用上下两片对称式盖板。对于连接器可做到四面全封闭。见图 2.3-12。

3. 采用侧面两片非对称式盖板。对于连接器可做到四面全封闭。见图 2.3-13。

图 2.3-11　上下两片盖板　　　图 2.3-12　上下两片对　　　图 2.3-13　侧面两片
　　　　　　　　　　　　　　　　　　　　称式盖板　　　　　　　　　非对称式盖板

目前大多数厂家都还是用的双面封闭的盖板。

3.6 插接口结构

插接口分两种形式，即空气型和密集型，见图 2.3-14、图 2.3-15。

 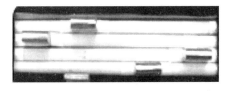

图 2.3-14　空气型插接口　　　　　　　图 2.3-15　密集型插接口

图 2.3-14 为空气式插接口，防护等级不高，易残留水汽，容易发热，减少产品安全系数和寿命，阻抗大、损耗大。

图 2.3-15 为密集型插接口，散热性好，密闭性佳。

目前空气型插口几乎被淘汰，正规厂家都是采用密集型插口。

3.7 连接器

连接器（图 2.3-16）普遍采用双面搭触的活式连接器。对母线槽本体的铜排没有打孔，增加接触面积，降低阻抗。

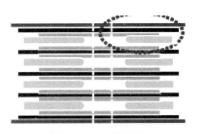

图 2.3-16　连接器

市面上绝大多数厂家的产品均采用以上结构。

3.8 导体材质

目前市面上的母线槽产品导体材质大致有三种：

1. 纯铜：铜含量 99.95％以上，电导率 97％以上。
2. 纯铝：铝含量 99.6％以上，电导率 61％以上。

3. 铜铝复合材料：铜包铝结构，铜占比重的 40%，电导率 75% 以上。

对导体材料的分析：

1. 铜导体：目前我国基本上都是使用纯铜导体的母线槽，铜导体有电导率高、电阻率低的两大优势。其稳定性也倍受设计方和采购方的认可。

2. 铝导体：目前日韩两国所用的所有母线槽当中，铝导体母线槽占总量的 99% 以上。在我国用铝导体存在两大争议，一是铝导体相比铜导体电导率低、电阻大，这可以通过增加用量（截面积）来解决载流量问题；二是铝导体与其他铜导体设备（插脚/铜排）之间的连接可能存在电流不均匀、表面腐蚀等问题。对此在技术上通过铜铝过渡器已经得到了解决。目前一些大型工厂目前都用铝母线槽的使用案例。

3. 铜铝复合材料：由于导体有两种材料组成，多使用铜包铝的形式作为导电主材。因各占的比例、分布以及接触方式的不同，很难准确得出导体的电导率和电阻率。复合型母线槽无论在世界范围内还是中国的市场占有率都不大。

总结：

对于母线槽导体无论是用纯铜还是纯铝，在对导体的纯度含量上要有一定的要求和控制，使用单一导体时纯度低会使电阻大、电导率低，在此情况下即使加大材料的使用量使其能够满足载流量要求，但对母线槽的温升也会起到不良影响。温升过高会产生稳定性降低、加速绝缘层老化甚至击穿的潜在隐患。所以，规范导体材料的纯度是母线槽产品技术规范的重要环节。

3.9　母线槽中绝缘材料

母线槽产品中，对于绝缘材料的选择有很多，大致有一下几种类型：

1. 聚四氟乙烯（PTFE）：高温分解会产生毒气，实测绝缘达不到 B 级。

2. 热缩套管-聚烯烃：多用于空气型母线槽。

3. 阻燃绕带-聚乙烯（PER）：B 级绝缘，包扎性能好，防水性能优越。

4. 聚合脂膜（PTE）：透明，绝缘性能、机械性、耐腐蚀性、气密性良好，价格偏高，部分产品需要进口。

绝缘材料分析：

高端产品多选择聚合脂膜作为绝缘材料。一般产品选用聚乙烯。

总结：

对于母线槽绝缘材料，高品质产品都要达到耐温 130℃，B 级绝缘，单层耐压 10000V 的标准，且机械强度很高。劣质的绝缘材料使用寿命会因高温、震动、腐蚀等作用而减少。在制作过程中如稍有灰尘进入，由于导体通过电流时有震动的影响，会有绝缘材料因震动被灰尘摩擦，久而久之被击穿的安全隐患。

3.10 母线槽中的外壳材料

母线槽外壳材质有冷轧钢板和铝镁合金两种。

外壳材料性能对比见表 2.3-2。

外壳材料性能对比　　　　　　　　　表 2.3-2

	冷轧钢板（铁质材料）	铝镁合金（铝合金）
重量	重，不便于安装	轻，减轻安装负担
散热效果	差，不利于温升控制	好，有利于降低温升
导电效果	差，外壳不可兼做 PE 线	好，外壳可兼做 PE 线
防护等级	低，钢板较硬，无法采用整体拉制工艺，结合部位易出现缝隙	高，铝合金较软，可以整体拉制，对于结合部位缝隙的控制比较容易
机械强度	高，抗压、抗撞击，不易损坏	低，运输、安装过程中外壳容易受损

总结：

就外壳材质来说，铝镁合金优越点多于冷轧钢板。目前绝大多数厂家对外壳的材质都选用铝合金。

3.11 其他相关材料材质

1. 插接箱箱体材质：多选用铁质外壳；

2. 插接箱内开关：开关品牌多由采购方自行规定；

3. 固件应采用力矩螺栓，以保证一定的加紧力度。力矩在 70～100N/m 为好。力度过大容易损坏绝缘片，力度过小会引起接触不良。

4. 母线槽本体外壳加以喷涂耐腐蚀漆为好，一线品牌的产品要经过防雾化实验，以确保外壳在高湿度、高腐蚀性气体的环境中不被腐蚀老化。

5. 母线槽与变压器连接需要用铜片软连接，因为变压器在工作过程中会产生较强烈的震动。软连接可以减少震动对母线槽产生的不利影响。

6. 母线槽与开关柜连接需要用纯铜排搭接，并且用绝缘热缩套管进行相间绝缘防护。

3.12　母线槽及相关附件的选择

1. 母线槽的选择

根据负载密度、始末端设备、安装方式等确定所选用的母线类型。

母线槽容量范围选择见表 2.3-3。

母线槽容量范围选择　　　　　　　　　　　　　　　表 2.3-3

应用场合	容量范围(A)
高层由于楼层供电	800～1250
配电设备连接	1600～3200
变配电设备连接	2000～6000
负荷中心	800～1000
车间工艺设备	1000～1600
流水生产线	800～1250

2. 始端箱

始端箱根据现场条件选择尺寸及安装方式。

始端箱尺寸选择见表 2.3-4。

始端箱尺寸选择　　　　　　　　　　　　　　　表 2.3-4

容量(A)	箱体尺寸:长(mm)×宽(mm)×高(mm)
630	400×600×300
800	
1000	500×600×400
1250	
1600	600×800×400

3. 终端箱

终端箱根据现场条件选择尺寸及安装方式。

4. 插接箱

根据使用设备的功率选择插接箱。例如：共有 10 台 65kW 的用电设备，用一根 1350A 的母线供电，则每个插接箱就选 $65 \times 2 = 130A$，如果选择的品牌没有 130A 的型号，就要往大的靠拢，且向内部的断路器是必须的，因为插接箱取电靠 4 个插爪从母线直线段上取，插爪连到断路器进线，出线用电缆连到用电设备。

插接箱尺寸选择见表 2.3-5。

始端插接箱尺寸选择 表 2.3-5

容量(A)	箱体尺寸：长(mm)×宽(mm)×高(mm)
100	400×250×200
160	600×250×250
200	
250	

5. 伸缩节

伸缩节据使用场合分为母线与设备的伸缩和母线与母线的伸缩，根据接头的材质不同来选择，如母线是铝质、设备接头是铜质就用铝-铜伸缩节，母线间是铝质就用铝-铝伸缩节、是铜母线就用铜-铜伸缩节。

第3篇　母线槽的制造标准摘录^①

第1章　《电工用铜、铝及其合金母线 第1部分：铜和铜合金母线》GB/T 5585.1—2005

4.1　母线的截面形状

　　母线的截面形状如图1所示。圆边母线截面的圆弧应相当于产品轴线完全对称，圆弧转角处应进行过渡处理。全圆边母线圆边半径"r"应为厚度"a"的一半。圆角、圆边和全圆边的半径"r"及其偏差应符合4.5的规定。

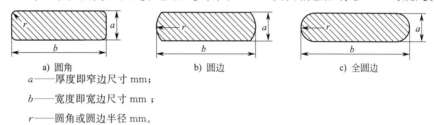

a) 圆角　　　　　　　　　　b) 圆边　　　　　　　　　c) 全圆边

a——厚度即窄边尺寸 mm；

b——宽度即宽边尺寸 mm；

r——圆角或圆边半径 mm。

图1　母线截面半径

4.3　铜和铜合金母线化学成分

铜和铜合金母线化学成分应符合表1规定。

表1　铜和铜合金母线化学成分

型号	名称	化学成分　%	
		铜加银　不小于	其中含银
TM	铜母线	99.90	—
TH11M	一类银铜合金母线	99.90	0.08~0.15
TH12M	二类银铜合金母线	99.90	0.16~0.25

4.4.1　铜和铜合金母线的截面尺寸范围为：

　　——2.24≤a≤50.00mm；

　　——16.00≤b≤400.00mm。

铜和铜合金母线规格系列见表2。

---

① 本篇中变字体部分，均为标准原文。

表 2 铜和铜合金母线规格

母线宽度 b（mm）列：2.24*、2.36、2.50*、2.65、2.80*、3.00、3.15、3.35、3.55、3.75、4.00*、4.25、4.50*、4.75、5.00*、5.30、5.60*、6.00、6.30、6.70、7.10*、8.00*、9.00、10.00*、11.20*、12.50*、14.00*、16.00*、18.00*、20.00*、22.40*、25.00*、28.00*、31.50*、35.50*、40.00*、45.00*、50.00*

母线厚度 a（mm）行：16.00*、17.00、18.00*、19.00、20.00*、21.20*、22.40、23.60、25.00*、28.00*、30.00、31.50、35.50、40.00*、45.00*、50.00*、56.00*、63.00*、71.00*、80.00*、90.00*、100.00*、112.00*、125.00*、140.00*、160.00*、180.00*、200.00*、250.00*、315.00*、400.00*

图例：
- **2.24*** R20 系列
- **2.36** R40 系列
- ○ $a \times b$ 为 R20×R20 优先规格
- （空格）$a \times b$ 为 R20×R40 或 R40×R20 的中间规格
- — $a \times b$ 为 R40×R40 不推荐规格

4.4.3 铜和铜合金母线厚度a的偏差由其宽度b决定，应符合表3。

表3 铜和铜合金母线厚度偏差　　　　单位为毫米

厚度a	宽度 b			
	$b\leqslant50.00$	$50.00<b\leqslant100.00$	$100.00<b\leqslant200.00$	$200.0<b$
$a\leqslant2.80$	±0.03	—	—	—
$2.80<a\leqslant4.75$	±0.05	±0.08	—	—
$4.75<a\leqslant12.50$	±0.07	±0.09	±0.12	±0.30
$12.50<a\leqslant25.00$	±0.10	±0.11	±0.13	±0.30
$25.00<a$	±0.15	±0.15	±0.15	

4.8 机械性能

4.8.1 抗拉强度、伸长率及硬度

铜和铜合金母线的抗拉强度、伸长率及硬度应符合表8规定。

表8 铜和铜合金母线抗拉强度、伸长率和硬度

型号	铜和铜合金母线全部规格		
	抗拉强度 N/mm²	伸长率 %	布氏硬度 HB
TMR、THMR	≥206	≥35	—
TMY、THMY	—	—	≥65

表10 铜和铜合金母线电阻率

型号	20℃直流电阻率 Ω·mm²/m	导电率 %IACS
TMR、THMR	≤0.017 241	≥100
TMY、THMY	≤0.017 77	≥97

4.10 接头

成品铜和铜合金母线不允许有接头。

第2章 《低压成套开关设备和控制设备第2部分:对母线干线系统(母线槽)的特殊要求》GB 7251.2—2006/IEC 60439-2:2000

6.1.1.3 母线干线系统基准周围空气温度

如无其他规定，制造商应根据表2和8.2.1.3给出在35℃基准周围空

气温度时的母线干线系统的额定电流。

如果适用，制造商应给出额定系数 k_1（35℃时 $k_1=1$），以便根据安装条件的温度范围确定系统的允许电流（$I=k_1 \times I_n$）。

7.1.2.3.4 电气间隙

如果母线干线系统按照制造商的说明正确组装并如同正常使用一样安装好，应按照 GB 7251.1—2005 表 G.1 中过电压类别和最大对地额定工作电压来确定电气间隙以耐受由制造商给出的冲击电压。

如制造商无其他规定，系统电气间隙的确定应根据：

——过电压类别：Ⅳ（电源进线点）或Ⅲ（配电电路水平）；

污染等级：3。

注： 对于基础绝缘和功能绝缘电气间隙值是按照 GB 7251.1 2005 表 14 中 A 的情况确定。辅助绝缘电气间隙值不低于基础绝缘所规定的值。为加强绝缘确定电气间隙值时，其额定冲击电压要比基础绝缘规定的电压高一级。

带双绝缘的系统部件，即基础绝缘和辅助绝缘不能分开进行试验的按加强绝缘考虑。

7.1.2.3.5 爬电距离

a）尺寸的选定

如果母线干线系统按照制造商的说明正确组装并如同正常使用一样安装好，考虑制造商给出的系统额定绝缘电压，确定爬电距离。

注： 对于基础绝缘和功能绝缘的爬电距离是按照 GB 7251.1—2005 表 16 中污染等级和所用绝缘部件的材料组别确定。

辅助绝缘爬电距离值不低于基础绝缘规定值。加强绝缘爬电距离值为基础绝缘额定绝缘电压值的两倍。

双绝缘的爬电距离是构成双绝缘系统的基础绝缘和辅助绝缘的和。

8.2.7 防护等级验证

试验仪第一位特征数 5 和 6 为条件。根据 GB 7251.1—2005 中 7.2.1 提供的防护等级应按照 IEC 60529 进行验证。具有 IP 5X 防护等级的母线干线系统应按照 IEC 60529；1989 中 13.4 的第 2 类进行试验。具有 IP 6X 防护等级的母线干线系统应按照 IEC 60529：1989 中 13.4 的第 1 类进行试验。

8.2.15 建筑结构中防火性能的验证

该试验适用于为防止火焰蔓延设计的穿越建筑物的母线干线。试验按照 ISO 834-1：1999 进行，耐火时间为 60min，120min，180min 或 240min。

试验安排：

该试验在直线型母线干线单元样品上进行。

用下列要求进行检验。

一段有代表性的母线干线防火单元样品像试剂用于建筑物中一样被安置在用混凝土制成的试验台上，其厚度按照耐火时间的要求进行确定。应按照制造商的说明书和建筑物安全防火的要求（如果有的话）在穿过试验台开孔的母线干线外壳周围填充防火密封层。

如果母线干线装有防火单元，该防火单元应放在试验台的中间（见图 M.3）

根据 ISO 834-1：1999，进行试验时，应将一组热电偶放置在样品的非裸露面上，用来记录母线干线外壳的表面温度。

试验结果：

见 ISO 834-1：1999 中所给的执行判据。

第3章　《低压成套开关设备和控制设备 第1部分:总则》GB 7251.1—2013/IE C 61439-1：2011

7　使用条件

7.1　正常使用条件

符合本部分的成套设备适用于下述的正常使用条件。

注： 如果使用的元件，例如继电器、电子设备等不是按这些条件设计的，那么宜采用适当的措施以保证其可以正常工作。

7.1.1　周围空气温度

7.1.1.1　户内成套设备的周围空气温度

周围空气温度不超过—40℃，且在 24h 一个周期的平均温度不超过＋35℃。

周围空气温度的下限为—5℃。

7.1.1.2 户外成套设备的周围空气温度

周围空气温度不超过＋40℃，且在 24h 一个周期的平均温度不超过＋35℃。

周围空气温度的下限为－25℃。

7.1.2 湿度条件

7.1.2.1 户内成套设备的湿度条件

最高温度为＋40℃时的相对湿度不超过 50％。在较低温度时允许有较高的相对湿度。例如，－20℃时的相对湿度为 90％。宜考虑到由于温度的变化，有可能会偶尔产生适度凝露。

7.1.2.2 户外成套设备的湿度条件

最高温度－25℃时，相对湿度短时可达 100％。

8.3.1 通则

电气间隙和爬电距离的要求是基于 GB/T 16935.1 的原则，旨在规定装置内部的绝缘配合。

作为成套设备组成部分的设备的电气间隙和爬电距离，应符合相关产品标准的要求。

装入成套设备内的设备，在正常使用条件下应保持规定的电气间隙和爬电距离。

应采用最高电压额定数据来确定各电路间的电气间隙和爬电距离（电气间隙依据额定冲击耐受电压，爬电距离依据额定绝缘电压）。

电气间隙和爬电距离适用于相对相，相对中性线，除了导体直接接地，还适用于相对地和中性线对地。

对于裸带电导体和端子（例如，母线、装置和电缆接头的连接处）其电气间隙和爬电距离至少应符合与其直接连接的设备的有关规定。

短路电流小于和等于宜称的成套设备额定数据时，母线和/或连接线间的电气间隙和爬电距离永远不应减小至成套设备的规定值以下。由于短路导致的外壳部件或内部隔板、挡板和屏障的变形，不应永久地使电气间隙和爬电距离减小到 8.3.2 和 8.3.3 中的规定以下（见 10.11.5.5）。

8.3.3 爬电距离

初始制造商应依据所选择的成套设备电路的额定绝缘电压（U_i）去确定爬电距离。对于任一列出的电路，其额定绝缘电压应不小于额定工作电压（U_e）。

在任何情况下，爬电距离都不应小于相应的最小电气间隙。

爬电距离应符合 7.1.3 规定的污染等级和表 2 给出的在额定绝缘电压

下相应的材料组别。

用测量来确定爬电距离的方法见附录 F。

注：对于无机绝缘材料，例如玻璃或陶瓷，它们不产生电痕化，其爬电距离不需要大于其相应的电气间隙。但应考虑击穿放电的危险。

如果使用最小高度 2mm 的加强筋，在不考虑加强筋数量的情况下，可以减小爬电距离，但应不小于表 2 值的 0.8 倍，而且应不小于相应的最小电气间隙。根据机械要求来确定加强筋的最小底宽（见 F.2）。

8.4.2.3　挡板或外壳

用空气绝缘的带电部分应安置在至少提供 IPXXB 防护等级的外壳内或挡板的后面。

对不高于安装地面 1.6m 可触及的外壳水平顶部表面的防护等级至少应为 IPXXD。

考虑到外部影响，在正常工作条件下，挡板和外壳均应可靠固定在其位置上，且有足够的稳固性和耐久性以维持要求的防护等级并适当的与带电部分隔离。导电的挡板或外壳与带电部分的距离应不小于 8.3 规定的电气间隙与爬电距离。

在有必要移动挡板、打开外壳或拆卸外壳的部件时，应满足 a) ～e) 条件之一：

a) 使用钥匙或工具，也就是说只有靠器械的帮助才能打开门、盖板或解除联锁；

b) 在由挡板或外壳提供的基本防护情况下，当电源与带电部分隔离后，只有在挡板或外壳更换或复位后才可以恢复供电，在 TNC 系统中，PEN 导体不应被隔离或断开。在 TN-S 和 TN-C-S 系统中，中性导体不必被隔离或断开（见 IEC 60364 与 ▲▲▲▲1.2）。

示例：用隔离器对门进行 ▲▲ 隔离器状态时，门才能被打开 ▲▲▲▲ 时，不使用工具不可能闭合隔离器。

c) 中相挡板提供的防止接触带电部分的防护等级至少为 IPXXB，此挡板仅在使用钥匙或工具时才能移动。

第 4 章　《密集绝缘母线干线系统(密集绝缘母线槽)》JB/T 9662—2011

4.1.1.1　周围空气温度

周围空气温度不得超过 40℃，而且在 24h 内其平均温度不得超过 35℃。

周围温度的下限：户内用母线槽为－5℃。

户外用母线槽为－25℃（温带地区）；－50℃（严寒地区）。

注：在严寒地区使用的母线槽，制造商需要与用户之间达成专门的协议。

4.1.1.2 大气条件

户内用母线槽应空气清洁，其相对湿度在最高温度为 40℃时不超过 50%，在温度较低时允许有较大的相对湿度，例如：在 20℃时为 90%，但应考虑由于湿度变化偶尔出现的凝露。

户外用母线槽的最高温度为 25℃时，相对湿度短时可高达 100%。

4.1.1.3 海拔

安装场地的海拔不得超过 2000m。

4.3 额定参数

4.3.1 额定电流

母线槽的额定电流值应按表 1 的标准值选取。

表 1 额定电流值（方均根值） 单位为安

63	100	125	160	200	250	315	400	500	630
800	1000	1250	1600	2000	2500	3150	4000	5000	6300

注：对超出以上电流值的情况，由制造商和用户协商确定。

4.3.2 额定工作电压

母线槽额定工作电压的优选值：380V（400V）、660V（690V）、1000V（1140V）。

4.3.3 额定绝缘电压

母线槽的额定绝缘电压是与介电强度试验、电气间隙和爬电距离有关的电压值。除非另有规定，母线槽电路的额定工作电压不允许超过额定绝缘电压。

4.3.4 额定频率

母线槽的额定频率为 50Hz 或 60Hz。

4.3.5 额定短时耐受电流（I_{cw}）

母线槽的额定短时耐受电流是指在规定的试验条件下，母线槽电路能耐受的电流（方均根植）。具体数值制造商应在产品技术条件中给出。

4.3.6　额定峰值耐受电流（I_{pk}）

母线槽的额定峰值耐受电流是指在规定试验条件下，母线槽电路能耐受的电流峰值。其值为表 2 中的额定短时耐受电流（方均根植）与峰值系数 n 的乘积。

4.4.4　电气间隙和爬电距离

母线槽内不同极性的裸露带电导体之间以及它们与外壳之间的电气间隙和爬电距离应符合 GB 7251.2—2006 中 7.1.2 的规定。

4.5.3　短路强度（承载短路电流的能力）

在额定参数（见表 2）范围内，母线槽应耐受不超过额定短时耐受电流（I_{cw}）和额定峰值耐受电流（I_{pk}）时产生的热应力和电动应力。短时耐受电流的数值应由制造商在产品技术文件中规定。

4.5.5　绝缘电阻

母线槽绝缘电阻应按 5.1.2.6 进行试验，每个母线槽单元的绝缘电阻应不低于 20MΩ。

4.5.6　介电性能

母线槽各相导体之间，相线与中性线之间，相线与保护导体之间应能承受表 4 的施加电压值，并保持 5s。

表 4　试验电压值

额定绝缘电压(U_i)V	试验电压(方均根植)V
$U_i < 60$	1500
$60 < U_i \leqslant 300$	3000
$300 < U_i \leqslant 690$	3750
$690 < U_i \leqslant 1000$	5000

第4篇 产品介绍及价格估算

第1章 产品介绍

1.1 厂家1产品简介

本厂母线槽与其他厂家的产品优势多体现于细节：

1. 外壳两片式设计，更好地做到防水防尘。

2. 导体采用含铜量不低于99.99%的铜排，厚度6.35mm。铜排纯度业内最高，大大降低了电阻，从而更好地控制温升，同时做到更节能、载流量更大。

3. 连接器盖板采用四面全包围形式，更大程度上增加连接器部位的防水防尘性能。

4. 标配外壳便面喷涂，通过1200h防盐雾实验。

1.2 厂家2产品简介

1.2.1 I ELINE 母线结构特点

1. 独特设计

美国设计，产品从技术到工艺全部由美国原厂引进，确保高品质；

紧凑的"三明治"结构，节约空间、散热快、温升低、压降小，降低能量损耗；

"IGB"整体接地系统，地线整体包裹导电铜排，接地性能可靠，确保系统安全。

2. 先进技术

EZ Joint-Pak 单螺栓连接：快速安装，连接可靠。

VISI-TITE 双头力矩控制螺栓：力矩显示，确保可靠的电气连接。

可靠连锁的插接箱单元，确保操作人员及设备的安全。

3. 工艺、质量

工厂通过 ISO 9001：2000 认证，产品符合国标 GB 7251.2、国际电工委员会 IEC 439.2、国际电气制造商协会 NEMA-BU1.1 等与母线有关的国际国内标准；

出厂前 100％经过 7500V 直流高压检测；

外壳通过 1800h 盐雾试验，确保良好的防腐蚀性能；

高短路耐受电流强度：产品均通过英国短路测试机构 ASTA 的高强度短路测试；

每季度将产品送至美国进行测试，确保与美国原厂产品达到相同的水准。

4. 原材料

主要原材料供应商均为经过美国 UL 认证的企业；

纯度高于 99.95％的优质电解铜，全长镀银，提高导电性能及防腐性能；

杜邦公司生产的优秀绝缘材料 MYLAR，绝缘等级为 B 级。

1.2.2　I-LINE 母线性能说明

I-LINE 母线最早于 1961 年在美国俄亥俄州推出。在 50 多年的发展过程中，I-LINE 母线取得了 60 余项母线专利技术、遍布全球的项目业绩，是母线行业中技术及产品标准的创新者。

I-LINE 母线的领先优势源自强大的技术研发能力、先进的生产工艺设备、全面的质量保证体系以及全方位的售后服务系统。

1.2.3　I-LINE 母线与插接箱

1. 母线结构

I-LINE 母线槽采用密集"三明治"结构，导体之间无空气间隔，母线系统作为一个整体直接向外散热，因此散热性能好。同时，紧凑小巧的外形节约大量空间，为运输、安装带来方便。I-LINE 母线槽内没有连续空间，无空气流动，避免了烟囱效应，增强安全性。

2. 导体材料

I-LINE 母线槽导电体采用电解铜：铜材采用国标 T2 电解铜，纯度高于 99.95％，导体表面全长镀银，提高导电性能及防腐蚀能力；材料性能符合 ASTM B 152-97 国际标准及相关国家标准。

铜导体电导率介于 98%～101%（国际退火铜标准值 IACS），导体表面全长电镀银；铜排厚度一律为 6.35mm，增加了导体的表面积，有效地减少了"集肤效应"的影响，提高了导电效率和载流能力，并有很强的抗氧化腐蚀作用。

3. 绝缘材料

每条铜排采用美国杜邦公司双层聚酯薄膜整块包裹，厂家 2 对其已有 40 年的良好使用记录。绝缘等级达到 B 级，能耐受 130℃高温，保证了在高温场合的绝缘寿命与可靠性，具有极高的绝缘强度，每层绝缘材料可承受 10000V 以上的高压。聚酯绝缘材料获得了美国 UL 的产品认证（认证证书编号：E93687）。

4. 接地系统

采用先进的 IGB 整体接地方式设计，地线完全包裹 A、B、C、N 线导体，为故障电流提供了最短的接地路径，接地能力比传统方式提高 7%～42%，大大降低了发生人身伤害事故的概率。同时，母线构成了一个完全封闭的法拉第笼，可屏蔽载流导体产生的电磁感应。运行噪声低，损耗小。接地线容量大于 50%的相线电流容量。

5. 外壳

外壳采用优质镀锌无缝钢板，有很强的抗内外机械冲击能力。I-LINE 母线槽外壳均采用静电喷涂 ANSI40 铁灰色环氧树脂，提高了母线的抗氧化腐蚀能力，并通过了 1800h 盐雾测试。

母线槽所采用钢板工艺为：电镀锌钢板＋表面环氧树脂静电喷涂；耐蚀性优越，均匀的镀锌涂层保护母材钢免受腐蚀，而且经久耐用，不会生锈；可涂漆性出色，镀锌钢板为保证适当的涂料粘附力。

磷酸盐处理及其他各种特殊化学处理。钢板表面产生的磷酸盐薄膜确保出色的涂料粘附力。只有电镀锌才能提供极其平滑而有吸引力的涂漆表面；

可加工性优越，厂家 2 采用的镀锌钢板是在严格的质量管理之下制造，全部具有优越的可加工性。具有同冷轧钢板相同的可加工性；

镀锌钢板在工厂加工成型后，在工厂的喷粉生产线进行表面完全脱脂，清洗后静电喷涂环氧树脂；

静电喷粉设备为德国进口瓦格纳-WAGNER 成套喷粉生产线，表面所喷涂的树脂为芬兰公司产品；作为母线槽外壳的钢板，其整体耐腐蚀性能经过 1800h 盐水喷雾试验；产品符合日本 JIS G3313 和同等的国家标准；插接箱插接箱在保护人身及设备安全方面有独到设计：快捷的悬挂摆动式安装方式（Hook-Swing）保证地线在安装时优先接触，在拆卸时最后断开；侧面操作手柄，便于远程及箱外操作；内部机械连锁确保插接箱在工作状态下，箱门不会被打开；插接爪采用进口银合金材料，并配有弹性钢片，直接与母线导体本体形成有效电气接触，较大的接触面积以及良好的弹性，基本解决了插接口部位发热量大的技术难题；插接口配有保护性活门，对插接口部位形成有效保护；连接头作为全球首创的 EZ Joint-Pak 连接装置，采用先进的单螺栓连接。并辅助一个大的碟形簧片，将压力均匀分散在连接头部位，保证了电气接触的可靠性。连接螺栓采用智能力矩控制设计，安装时仅用普通的扳手旋至一定的力矩，一个红色指示牌会自动释放，显示连接头部位达到预设的力矩，安装准确快捷。连接头为分体式设计，便于母线的拆卸及维护。每个连接头可作 ±12mm 的伸缩调节，完全可以吸收母线槽热胀冷缩引起的长度变化量。

6. 防护等级

I-LINE 母线槽可根据使用要求提供 IP40、IP54、IP55、IP65 以至 IP66 等防护等级，防水材料采用美国富勒公司-H. B. Fuller 的专业防护产品，防护性能良好。全部防护设计均在产品出厂时已经完成，无需在施工现场手工操作，达到工艺和质量的一致性。

7. 短路防护

通过上海低压电气检测研究所 TILVA 的短路强度测试。

8. 环保性能

母线槽采用标准积木式设计，在设备改造时可重复利用；由于母线全部采用优质的原材料和制造工艺，产品性能高，电能损耗低；由于全部采用环保材料，产品在使用中或火灾情况下，无有害气体释放，属于节能环保型产品。

9. 维护

I-LINE 母线槽 50 年的优良使用记录证明，母线的关键部件全部采用免维护设计。母线槽不需要采取任何特别的维护，需要定期监测的指标仅为温升、绝缘电阻两项。

10. 安装方案

厂家2提供母线水平和垂直安装等多种安装支架。母线槽技术支持部门将提供完善的安装技术指导。BRASS软件提供母线最佳走向方案。

11. 出厂检验

I-LINE母线槽出厂前100％进行高压绝缘试验（7500VDC），外观质量检测，尺寸精度检测，性能实测，随产品提供完整的测试报告、质量保证文件以及装箱清单。

12. 互换性

所有部件为标准产品，接头可灵活拆卸，遇故障可以在不影响其他段母线的情况下，拆换任何一段。相同电流等级的母线可以互相连接。

1.2.4 I-LINE 母线可靠的连接技术——EZ JOINT-PAK™连接头

厂家2在母线槽业务的早期曾经采用一体化连接头。但在20多年前，厂家2的工程师们在原有产品的基础上，设计出新一代的 EZ JOINTPAK™分体式连接头，替代一体化设计的连接头。新一代分体式连接头 EZ JOINT-PAK™连接头克服了一体化设计的不足之处，如接触面减少、维护、电气隔离不便等。在安全性、电气性能、隔离维护等方面比一体化设计有了根本性的提高：

1. 双面接触设计，接触面在接头部位增加50％。保证母线电气性能在接头部位不降低。

2. 可移动式设计。在维护时，拆除连接头可在两段母线之间形成有效电气隔离，可以安全地对母线进行维护和负荷调整。

3. 接头可以应付最后时刻的变更和重新定位，在不影响其他母线的情况下维护和更换。

4. 在出厂时，连接头预装在母线的一端。在工地安装时，可以跟一体化设计的连接头一样直接进行连接。因此，具有一体化设计接头安装快速的优点。

5. 每个接头提供±12mm伸缩余量保证，自动补偿温度变化造成的母线伸缩。

1.2.5　VISI-TITE®可控力矩螺栓

1967年，厂家2发明了VISI-TITE®双头力矩螺栓，它采用8.8级高强度钢材，提供高于4000磅的紧固力。紧固力被大面积的碗形弹性垫圈均匀分布在接头的接触表面，这种设计大大节省了安装时间。

双头螺栓保证了精确的力矩，不需要力矩扳手来控制精度。通过通用的长扳手扭断一个螺栓头，一个标识力矩的圆形的红色标识牌自动脱落，指示接头压力已经达到所需力矩。如果标志牌没有脱落，检验人员可以迅速发现未达到安装要求。第二个螺栓头可以在日后维护时，反复使用。

1.3　厂家3产品简介

厂家3 MR系列（GLMC-T-□□/□MR）矿物质耐火母线槽，主要用于大电流的应急电源和消防配电线路，经过实际的工程应用案例进行比较，比起矿物质绝缘电缆和其他耐火母线槽有明显的优势。厂家3 F系列（GLMC-T-□□/□F）密集型铜导体和铝导体母线槽，比同行厂家的其他母线槽，在技术性能以及节约铜资源、降低工程造价等方面有明显的优势。厂家3 E系列（GLMC-T-□□/□E）空气型母线槽，专用于工厂生产线及数据中心列头柜电源干线。

设计选型应按不同用途、不同负荷来选用不同系列的产品，才能发挥GLMC系列母线槽在各种工程中应用的优势，从而真正地提高安全性能，降低工程造价，实现节能降耗，为电力配电线路的设计带来经济和性能的双重效益。

我国于1980年前就从欧美国家引进母线槽技术，并有小批量生产，随着近30多年的快速发展，母线槽的工艺和技术都得到极大的发展。目前，随着经济的发展，国内母线槽的生产技术水平已遥遥领先其他国家。但是，因为电工技术领域长期持有洋品牌更好的观念，许多人们认为国内的产品不如外资及合资品牌，这在一定程度上阻碍了中国母线槽企业的创新与发展。作为母线槽行业为数不多的专业化生产企业，厂家3的GLMC系列母线槽产品，经过多年的市场拓展和自身技术的创新发展，以其独特的竞争优势，得到众多用户的认可，被广泛地应用于电力输送干线和配电线路上。本书就厂家3 GLMC系列母线槽的优势做重点陈述，以供参考和点评。

1.3.1 GLMC-T-□□/□MR 型矿物质耐火母线槽

在《建筑防火设计规范》GB 50016—2014 中，10.1.6 条为强制性条文，旨在保证消防用电设备供电的可靠性，因而强调要求消防设备的配电线路必须可靠，明确提到"确保生产、生活用电被切断时，仍能保证消防供电。"同时，在此条文中，明确消防设备的备用电源有三种：①独立于工作电源的市电回路；②柴油发电机；③应急供电电源（EPS）。

末端设备再好，消防设备的备用电源若不能持续供电，是无法满足消防的要求。因此，《建筑防火设计规范》GB 50016—2014 中 10.1.1. 条明确提到，消防用电设备，在火焰条件下规定时间内要保持持续供电。一般的情况是：消防的配电线路本身不能直接满足火焰条件下供电时间的，采用外包防火材料措施来解决问题，但矿物绝缘电缆因产品本身通过耐火试验，所以直接明敷设。负荷大的回路干线电流大，耐火电缆和矿物质绝缘电缆都需要采取多条拼用才能实现，且不能保证足够的载流能力，所以存在风险。这种情况下，只有耐火母线槽才能满足要求。而矿物质耐火母线槽，采用同矿物质绝缘电缆一样的耐高温绝缘材料，比其他工艺结构类型的耐火母线槽，更加适用于大电流的消防配电线路和应急电源电力输送干线。

1. GLMC 矿物质耐火母线槽比其他耐火母线槽的优势

消防配电线路和应急电源耐火性能的电力输送干线和配电线路都选用耐火性能的母线槽。目前市场上存在几种不同类型具有耐火性能的母线槽，如耐火母线槽、浇注式耐火母线槽和矿物质耐火母线槽等。这些产品在工艺设计结构以及绝缘耐火材料选用各不相同，因此，实现耐火性能的方式也就截然不同。具体的产品结构和特点如下所述：

2005 年第一代耐火母线槽。这种耐火母线槽普遍采用防火材料作外壳，再外包钢外壳来实现耐火性能。其内部绝缘材料的耐火温度非常高。为了达到越长的耐火时间，外包防火材料也就越厚。厂家 3 第一代耐火母线槽内部的绝缘材料虽然采用耐 800℃ 以上的全云母，但因无法通过耐火性能的试验时间，因而外包 6cm 厚防火高硅酸棉。后因包了防火棉，却使得载流能力严重下降，只好停产。现在市场上不少的耐火母线槽大多采取外包防火材料来实现耐火性能以通过公安部 GA/T 537—2005 标准的耐火试验。但是，强烈建议设计师选型和用户选购时应该关注载流能力是否能够满足通常运行的需要，耐火母线槽的实际载流量数据应该以第三方温升试验数据为准。

浇注式耐火母线槽。在 2006～2008 年期间，国内涌现出一批厂家开始生产浇注式耐火母线槽。这种结构的母线槽最初的开发原型来自于意大利和中国台湾。本来在意大利、中国台湾，这种结构的产品采用火山岩灰（无机物）浇注而成。但通过一些业内同行和专家引进中国后，由于火山岩灰取材在中国大陆非常不便，因而成本不低，后来在中国市场上没有推广。但是，后来市场采用环氧树脂（也常用于变压器的绝缘）浇注出来的固体式母线槽，也称"浇注式耐火母线槽"。

2009～2011 年，部分厂家生产的树脂浇注式母线槽通过第三方的防火性能试验，却充当耐火类母线槽在市场上推广并投用于工程项目。2011年，被认证中心确认为属于认证试验方法不当，后来该批证书于 2011 年 1月 19 日后全部改为"防火母线槽"或"浇注母线槽"或"高防护母线槽"（实际上更多地被应用为防护等级 IP68 的高防水母线槽）。

截至目前，市场上仍有个别企业，为了使得浇注式母线槽继续在消防配电线路上使用，把树脂浇注的母线槽再外包防火板或防火棉来实现耐火性能。事实上，这种固化的浇注树脂材料在温度达到 200℃ 左右会熔化，当温度达到 500℃ 左右时直接助燃。因此，如果要满足《母线干线系统（母线槽）阻燃、防火、耐火性能的试验方法》GA/T 537—2005 耐火试验中的耐火时间，必须外包很厚的防火棉才能实现。采用防火棉来实现耐火性能，主要是减慢在火焰条件下热能的传递；但是同时，这样槽体里面的热能散发也很慢，因而造成在正常的运行情况下，母线槽载流能力下降严重。综合来看，浇注式耐火母线槽还不如第一代耐火母线槽，至少第一代耐火母线槽采用的原材料在高温时不会助燃。

GLMC 系矿物质耐火母线槽：主要使用耐高温的绝缘材料，如云母、氧化镁、陶瓷化硅橡胶等作为绝缘材料，直接耐高温，可在 950℃ 火焰温度下持续供电 3h 以上。该产品体积小，载流大。产品规格自 160～5500A全部通过国家强制性 3C 认证以及国家公安部《母线干线系统（母线槽）

阻燃、防火、耐火性能的试验方法》GA/T 537—2005 的耐火性能试验。如果在同样温升值的要求下，达到同样的载流，要求相同的耐火时间，那么，本矿物质耐火母线槽比起外包防火材料耐火母线槽以及浇注式耐火母线槽，其导电铜排小 20%～50%，外形体积仅分别为二分之一和三分之一大。

结论：矿物质耐火母线槽比其他类型的耐火类母线槽，从节能降耗、工程造价、占用空间位置和施工的美观度，以及性价比等方面来比较论证都占有绝对的优势。

2. 大负荷回路中，矿物质耐火母线槽和矿物质绝缘电缆的相比优势

目前，在全国的工程案例中，消防配电线路和应急电源的电力输送干线，当选用耐火类产品时，可以直接明敷设的有矿物质耐火母线槽和矿物质绝缘电缆。就一次性投资成本比较：当选型需要在 185m^2（315A）以下时，矿物质绝缘电缆价格占有优势，当选型需要在 185m^2（315A）及以上时矿物质耐火母线槽从价格及其他安全性能都占有优势。

标准试验项目和认证：

(1) 矿物质绝缘电缆的标准和认证。矿物质电缆的标准是《额定电压 750V 及以下矿物绝缘电缆及终端　第 1 部分：电缆》GB/T 13033.1—2007，其耐火性能试验按《在火焰条件下电缆或光缆的线路完整性试验》GB/T 19216，绝缘性的矿物质电缆，柔性矿物质绝缘电缆按英国耐火电缆标准 BS 6387。

(2) 管式矿物绝缘电缆按《额定电压 750V 及以下矿物绝缘电缆及终端　第 1 部分：电缆》GB/T 13033.1—2007 的型式试验项目。

试验项目	标准条文号	检验目的
导体电阻	5	导体材质的电阻率
绝缘电阻	11.3	绝缘电阻性能
绝缘厚度	13.4	厚度是统一生产的
铜护壳电阻	13.3	铜护壳电阻(材质)
铜护壳厚度	13.5	统一厚度
试验电压	13.2	耐电压的性能

试验项目	标准条文号	检验目的
弯曲试验	13.5	在弯曲时是否影响性能
压扁试验	13.7	受重压时是否受破坏
耐火试验	13.8 按 GB/T 19216.21—2003 供火 750～800℃,耐火时间 3h	在火焰条件下是否保持线路完整性

（3）柔性矿物绝缘电缆的标准和型式试验项目按 BS 6387。

试验项目	标准条文号	检验目的
导体电阻试验	7.1	检测导体电阻率(材质)
常规试验	7.2.1 A1、A2	检测绝缘性能(耐电压)
长度测试	7.2.2 A1、A3	水中的绝缘耐压
弯曲特性测试	8 B1、B3	检测弯曲度
环境温度下弯曲试验	8 B2、B3	在火水的环境下弯曲度
耐冲击试验	9.1、附录 C	防物体冲击的性能
护套冷冲击试验	9.2	在环境温度下冲击护套的损坏度 是否影响绝缘性能
火焰条件下的试验: A. 650℃±40℃ 3h B. 750℃±40℃ 3h C. 950℃±40℃ 3h D. 950℃±40℃ 20min	11.1 D1、D2	耐火性能: 检测电缆的耐火温度和时间
耐机械冲击及火试验	BS 6207	在机械冲击下耐火性能

（4）矿物质耐火母线槽的标准和型式试验项目按《低压成套开关设备和控制设备　第 2 部分：对母线干线系统（母线槽）的特殊要求》GB 7251.2—2006、《母线干线系统（母线槽）阻燃、防火、耐火性能的试验方法》GA/T 537—2005；《在火焰条件下电缆或光缆的线路完整性试验》GB/T 19216。

试验项目	标准号 GB 7251.2—2006	检验目的
温升极限验证	8.2.1	载流能力的验证
母线槽系统电气性能验证	8.2.9	A. 导体电阻 B. 导体电抗 C. 总阻抗 D. 导体规格

试验项目	标准号 GB 7251.2—2006	检验目的
介电性能验证	8.2.2	绝缘耐压
保护电路有效性验证	8.2.4	故障电流的疏散能力
防护等级验证	8.2.7	常温下防尘、防水的能力
结构强度验证	8.2.10	承受机械压力
短路耐受强度验证	8.2.3	发生短路时的机械强度
机械操作验证	8.2.6	插接开关箱的操作性能
耐压力性能验证	8.2.12	承受压力
绝缘材料耐受非正常发热验证	8.2.13	绝缘材料的耐热性能
耐火性能验证	GA/T 537—2005 4.3.1	耐火性能：耐火 60min 与 GB/T 19216.21—2003 或 BS 6387 比较，供火 950℃，大于 3h
耐火喷水试验	GA/T 537—2005 4.3.2	在着火 30min 喷淋试验考验着火后的防水性能

按照 GA/T 537—2005 耐火试验，按温度曲线上升推算，最高有 1400℃以上，如果母线槽能通过 GA/T 537—2005，供火时间为 60min 的耐火试验，其试验对产品的破坏性，比按照 GB 19216 和 BS 6387 标准的试验方法，供火温度 950℃，供火时间 180min 的破坏性还要大。矿物质耐火母线槽除了通过 GB 7251 的电气性能试验外，同时须按 GA/T 537—2005 标准通过耐火性能试验后，还应通过 GB/T 19216 供火 950℃ 180min 的耐火试验，才能满足工程项目实际应用所需要的耐火性能和电气性能，同时满足现行设计规范。

从以上 4 种产品的标准和型式试验可以看出矿物质绝缘电缆并没有要求载流能力的试验，更没有短路耐受强度的试验。但是，这两项指标正是最关键的电气安全技术参数，直接影响到投用运行后的安全可靠性。

矿物质耐火母线槽同普通类母线槽一样，须通过国家强制性 3C 认证。经中国质量认证中心官方网站 www.cqc.com.cn 查询可知：截至 2015 年 6 月 30 日，耐火母线已通过认证的企业全国有 27 家。

事实上，矿物质绝缘电缆至今没有要求须有强制性认证，目前仅仅只需要通过型式试验，但没有型式试验验证其载流能力，只要求耐火性能一项试验；而矿物质耐火母线槽所有的电流规格都必须要做强制性 3C 认证，企业才可以生产，才能在市场上销售，在工程上使用。

采用矿物质耐火母线槽可节约配电柜及双电源箱，又能让线路整洁不乱，以供参考。

综上所述，得结论：

（1）矿物质耐火母线槽载流能力比矿物绝缘电缆可测且准确，受其他因素影响较少。

（2）当回路很长时，矿物质耐火母线槽连接单元均通过试验有保障；而矿物质绝缘电缆长线单条敷设较困难，况且连接头又无相关试验验证其可靠性。

（3）矿物质耐火母线槽已有完整的 3C 强制性认证和型式试验；矿物绝缘电缆无 3C 强制性认证，其型式试验中没有载流能力和短路耐受强度的试验项目。所以，矿物绝缘电缆的认证和检测手段没有矿物质耐火母线槽完善。

（4）从铜资源的利用来说，自 315A 电流（负荷的额定电流）起，矿物质耐火母线槽比矿物质绝缘电缆要少，而且负荷电流规格越大差距也越大。

（5）从一次性投资成本来说，电流越大，矿物质耐火母线槽的造价比矿物质绝缘电缆越低。

（6）选用矿物质耐火母线槽节约配电房的电柜，节约双电源切换箱，同时可节约占用的电房空间。

（7）当发生火灾线路受火燃烧时，矿物质耐火母线槽升温压降远低于矿物质绝缘电缆，作为消防配电线路的稳定性远高于矿物质绝缘电缆。

1.3.2　GLMC 系列普通母线槽比业内同行的母线槽产品优势

厂家 3 GLMC 系列普通母线槽用于非消防的电力输送干线和配电线路，适应于高层建筑、机场、高铁、地铁、酒店、会展、航天、军工、造船、汽车工业、装备产业、钢铁、通信、银行、互联网数据中心、医院等众多领域的工程项目。

厂家 3 GLMC 系列的普通母线槽产品规格覆盖 40～6300A。所有规格的产品都通过了国家强制性 3C 认证。由于厂家 3 的母线槽专业化，因而研发的产品专利技术在行业内最多，其中有多项技术在行业内处于领先水平。在同等的质量技术要求的前提下，GLMC 系列母线性价比占有明显的优势。

1. 品种齐全，可按不同的应用领域和功能要求设计选型。

厂家 3F 型为密集型母线槽，规格从 250～6300A，非常规的电流值规格远多于同行产品。除常规电流外，诸如 500A、700A、900A、1100A、1400A、1800A、2250A、2800A、3600A、4500A、5500A 等，厂家 3 母线槽产品的电流规格的可选择性比同行多出 1 倍。即常规的电流等级分类差 20％，而厂家 3 母线槽电流等级分类仅相差 10％。

另外，如果选用温升值≤70K 的母线槽，采用 B 级绝缘材料，则该母线槽本身能有 10％的过载能力。为了保证母线槽在低温下运行，选用厂家 3 密集型母线槽，只需要按实际负载富余 10％～19％选型就可以了。例如：如果回路的设计计算电流在 910～990A，那么可以选用设计额定电流 1100A 的 GLMC-T 系列密集型母线槽；可是一般按常规母线槽会设计成额定电流 1250A 才行。另：如果回路设计计算电流达到 1150A，一般按常规母线槽会设计选型额定电流 1600A，但是，如果按厂家 3 GLMC 系列的母线槽，则设计选型时额定电流只需 1400A。照这样计算比较，厂家 3 GLMC 系列母线槽比业内同行同类型产品节约造价至少 10％以上。

因此，可选择的多种电流规格不但便于工程项目的设计选型，同时也为业主节约经济成本。

2. GLMC 系列的空气型母线槽，电流规格 100～400A，适用于工厂生产线，及数据中心的列头柜。该产品插接式结构装卸快捷，体积小，外观美观，可下挂工具及灯具。

3. GLMC 系列普通类母线槽及消防用耐火类母线槽，其连接头的防水性能比业内同类产品高。我国 GB 7251.2—2006 的标准中，防护等级试验仅对本体做出要求，未提及分接单元。但是，厂家 3 母线槽在认证试验中，提供母线槽两单元连接好的样机做防护等级试验；而且因为其独特的工艺结构确保批量生产时同样保证较好的防尘和防水能力。

4. 相同额定电流，同等的温升情况下，GLMC 系列母线槽导体小于业内同类产品，通过技术突破，实现节能降耗，节约铜资源。

母线槽不同于电缆：电缆能够通过的电流是计算出来的理论数据，而母线槽产品在国家标准和国际标准中都明确地规定要做温升试验来验证，得以实际试验数据为准。即使同是母线槽产品，同样的导体材质和截面积，不同的生产厂家、不同的工艺结构、不同的导体周长、不同的绝缘材料，其载流能力差距也较大，有些甚至相差一半。

厂家 3 母线槽除通过国家强制性 3C 认证之外，所有电流规格的产品都有通过国家试验室的温升检测试验，并持有相关的温升报告。即一旦产品定型，其载流能力清晰准确，以方便用户和监督单位进行查询；同时厂家 3 承诺货到工地可任意抽查，或提供温升试验设备和导体的电阻率测试仪器现场检测，以真正有效地保证供应客户终端的产品载流能力。

1.3.3　厂家 3 母线槽插接开关箱的优势

1. GLMC 插接开关箱，带有机械联锁功能，可防止人员带电插拔而发生电弧伤人事件。目前，行业内能够实现此功能的产品生产企业，仅有 5～6 家。厂家 3 产品的机械联锁功能，操作同步率高，外形美观实用，比同类产品有明显优势。

2. 厂家 3 开发了双电源式插接箱，可应用于高层及超高层的应急照明和非消防用电的双回路母线，一用一备的供电方案，以确保供电的稳定性。

3. 厂家 3 插接箱可配置多个分开关，按工程负荷回路需要对开关设计选型。

1.3.4　GLMC 系列产品实现智能化功能

1. 母线槽设置测控仪，可实现有线和无线的监测和控制，与智能电网接轨。

2. 设置智能测控，多分支的线路，采用变容节不仅降低经济成本，且变容处不需要配置断路器，节约造价，提高安全性能。

在供电系统中，过长的供电线路，分支开关多，为了节约工程造价和资源，可采取变容节分支方式。但是，变容后的线路，当发生过载时，始端的断路器不动作而带来安全隐患；因此规范规定，变容处必须要设置保护措施。当线路的过载电流达到开关额定电流的 10% 时，2h 左右断路器跳闸，超过 20％时需 20～30min 断路器跳闸。若想断路器瞬时跳闸，过载电流须要达到开关额定电流的 10 倍左右。而母线槽的短路耐受强度通常是母线槽额定电流的 50 倍左右，因此变容后末端母线只有前段的 1/4，发生短路时上级开关也会跳闸。因此，变容处可以不需要设置短路保护，主要是发生过载时上级断路器不动作，当用电负荷过载时，线路会发热，温度随过载时间而升高，厂家 3 母线的测控系统在变容后第一个接头处的导体 A、B、C、N 线设置了 4 个探头，当温度超过标准温度时报警，超极限温度时，切断电源，确保系统的安全。

测控仪的主控制器与电脑连接，在显示屏上可以查询相关的运行温度，也可以与手机端联网使用，有效地监控了母线工程质量，杜绝因母线槽发热而引起的电气火灾事故。

1.3.5 厂家 3 母线槽品质的保证措施

厂家 3 为了保证母线槽的品质，设立了专门的研发部、标准组、生产技术部、工程技术部、工程安装部、品质管理部、售后服务部等，共同协作的专业化团队保证了产品的质量和技术在持续的稳定中还能取得行业内最先进的突破。

企业为了防止中间营销环节出现对接客户的断层，还在全国设立了专业的营销直销团队；而且所有产品均贴有 3C 防伪标志以方便用户查询真伪。随着"互联网＋"时代的快速发展，厂家 3 正准备将所有出厂产品打上微信二维码防伪，包括营销人员资料、产品身份信息（包括各种技术参数、走向位置、编号等），后期维护可追踪的位置等，这样一来，有效地保证了工程质量，保证了用户的切身利益。

1.3.6 结束语

厂家 3 是国内集研发、生产、销售、安装一条龙服务的专业化企业。不论是技术研发、生产工艺、质量控制、配套服务，还是产品的齐全性等都在行业内处领先地位。随着近几年厂家 3 参与国内外各个标准和规范的编写、讨论，以及在全国工程设计院不停地开展技术性推广活动，企业的品牌知名度也得到极大的提升。企业坚信：专业技术人员和用户的认同是企业永恒追求的动力；为电力输送干线系统提高安全性能、实现节能降耗、振兴民族工业是企业永远的使命。

第 2 章　2015 年母线槽价格估算

2.1　厂家 1 母线槽参考价

密集型母线槽参考价见表 4.2-1

密集型母线槽参考价　　　　　　　　表 4.2-1

母线槽基准单价计算方式:基准单价(S)＝电流(A)×安米单价(2.2)

序号	名称型号	单位	数量	单价(元)
1	直线段	m	1	S
2	始端制作费(法兰)	只	1	0.2S
3	始端箱(法兰箱)	台	1	￥1000.00
4	垂直弯头制作费	只	1	0.25S
5	水平弯头制作费	只	1	0.2S
6	连接器制作费	只	1	￥200.00
7	搭接铜排	套	1	2S
8	软连接	套	1	2S
9	伸缩节	套	1	2S
10	变容节	套	1	2S
11	终端封	只	1	￥100.00
12	水平吊架	套	1	￥120.00
13	弹簧支架	套	1	￥140.00
14	插接口	只	1	￥100.00
15	插接箱(壳体)	台	1	￥600.00

注: 1. 4 线制外壳整体接地, S 下浮 8%;

　　2. 铝导体母线槽 S 下浮 35%;

　　3. 300～500A 母线槽 S 上浮 10%;

　　4. 耐火母线槽 S 上浮 50%;

　　5. 防护等级 IP65, S 上浮 5%;

　　6. 插接箱价格根据开关品牌及分段能力而定;

　　7. 报价含税、运费、测量、安装指导、二次深化设计等费用。不含卸货费及安装费;

　　8. 以上价格参照 2015 年 6 月 1 日铜材而定, 如铜材涨幅在 5% 以内, 则母线价格保持不变;如铜材涨幅超过 5%, 则母线价格按照涨幅比例的 70% 浮动。

(计算公式:结算价＝此报价×(1±涨跌比例×70%)。

2.2 厂家3母线槽参考价

密集型母线槽参考价见表4.2-2，配件参考价见表4.2-3。

密集型母线槽参考价 表 4.2-2

序号	产品名称及型号规格		规格	单位	单价（元）	备注
1	铜导体空气型	GLMC-T-100A/5E	100A	m	285.00	三相五线铜导体：N或等同相线、铜导体PE线按相线50%的截面积，如果外壳兼做PE，价格同4E（四线）；E型母线产品适用于工厂，标准厂房，生产线以及数据中心
2	铜导体空气型	GLMC-T-125A/5E	125A	m	325.00	
3	铜导体空气型	GLMC-T-160A/5E	160A	m	368.00	
4	铜导体空气型	GLMC-T-200A/5E	200A	m	432.00	
5	铜导体空气型	GLMC-T-250A/5E	250A	m	525.00	
6	铜导体空气型	GLMC-T-315A/5E	315A	m	661.00	
7	铜导体空气型	GLMC-T-400A/5E	400A	m	768.00	
三　相　四　线						
1	铜导体空气型	GLMC-T-100A/4E	100A	m	268.00	三相四线铜导体：N线等同于相线,如果N线按相线的50%此价格下浮6%；E型母线适用于标准工厂生产线、数据中心以及需要插接的配电线路上使用
2	铜导体空气型	GLMC-T-125A/4E	125A	m	305.00	
3	铜导体空气型	GLMC-T-160A/4E	160A	m	346.00	
4	铜导体空气型	GLMC-T-200A/4E	200A	m	406.00	
5	铜导体空气型	GLMC-T-250A/4E	250A	m	493.00	
6	铜导体空气型	GLMC-T-315A/4E	315A	m	621.00	
7	铜导体空气型	GLMC-T-400A/4E	400A	m	722.00	
三　相　五　线						
1	铝导体密集母线	GLMC-L-200A/5F	200A	m	190.00	三相五线铝导体：N线等同于相线PE线,按相线的50%做独立PE线,如采用外壳PE线同4F价格等同
2	铝导体密集母线	GLMC-L-315A/5F	315A	m	300.00	

序号	产品名称及型号规格		规格	单位	单价(元)	备注
3	铝导体密集母线	GLMC-L-400A/5F	400A	m	380.00	
4	铝导体密集母线	GLMC-L-500A/5F	500A	m	475.00	
5	铝导体密集母线	GLMC-L-630A/5F	630A	m	598.00	
6	铝导体密集母线	GLMC-L-700A/5F	700A	m	665.00	
7	铝导体密集母线	GLMC-L-800A/5F	800A	m	760.00	
8	铝导体密集母线	GLMC-L-900A/5F	900A	m	855.00	
9	铝导体密集母线	GLMC-L-1000A/5F	1000A	m	950.00	
10	铝导体密集母线	GLMC-L-1100A/5F	1100A	m	1045.00	
11	铝导体密集母线	GLMC-L-1250A/5F	1250A	m	1187.00	三相五线铝导体：N线等同于相线PE线,按相线的50%做独立PE线,如采用外壳PE线同4F价格等同
12	铝导体密集母线	GLMC-L-1400A/5F	1400A	m	1330.00	
13	铝导体密集母线	GLMC-L-1600A/5F	1600A	m	1520.00	
14	铝导体密集母线	GLMC-L-1800A/5F	1800A	m	1710.00	
15	铝导体密集母线	GLMC-L-2000A/5F	2000A	m	1900.00	
16	铝导体密集母线	GLMC-L-2250A/5F	2250A	m	2137.00	
17	铝导体密集母线	GLMC-L-2500A/5F	2500A	m	2375.00	
18	铝导体密集母线	GLMC-L-2800A/5F	2800A	m	2660.00	
19	铝导体密集母线	GLMC-L-3150A/5F	3150A	m	2992.00	
20	铝导体密集母线	GLMC-L-3600A/5F	3600A	m	3420.00	
21	铝导体密集母线	GLMC-L-4000A/5F	4000A	m	3800.00	
22	铝导体密集母线	GLMC-L-4500A/5F	4500A	m	4275.00	

序号	产品名称及型号规格		规格	单位	单价（元）	备注
23	铝导体密集母线	GLMC-L-5000A/5F	5000A	m	4750.00	三相五线铝导体：N 线等同于相线 PE 线，按相线的 50％做独立 PE 线，如采用外壳 PE 线同 4F 价格等同
24	铝导体密集母线	GLMC-L-5500A/5F	5500A	m	5225.00	
三　相　四　线						
1	铝导体密集母线	GLMC-L-200A/4F	200A	m	178.00	
2	铝导体密集母线	GLMC-L-315A/4F	315A	m	281.00	
3	铝导体密集母线	GLMC-L-400A/4F	400A	m	356.00	
4	铝导体密集母线	GLMC-L-500A/4F	500A	m	445.00	
5	铝导体密集母线	GLMC-L-630A/4F	630A	m	560.00	
6	铝导体密集母线	GLMC-L-700A/4F	700A	m	623.00	
7	铝导体密集母线	GLMC-L-800A/4F	800A	m	712.00	
8	铝导体密集母线	GLMC-L-900A/4F	900A	m	801.00	三相四线铝导体：母线 N 线等同于相线，如果采用 50％的 N 线，此价格下浮 6％
9	铝导体密集母线	GLMC-L-1000A/4F	1000A	m	890.00	
10	铝导体密集母线	GLMC-L-1100A/4F	1100A	m	979.00	
11	铝导体密集母线	GLMC-L-1250A/4F	1250A	m	1112.00	
12	铝导体密集母线	GLMC-L-1400A/4F	1400A	m	1246.00	
13	铝导体密集母线	GLMC-L-1600A/4F	1600A	m	1424.00	
14	铝导体密集母线	GLMC-L-1800A/4F	1800A	m	1602.00	
15	铝导体密集母线	GLMC-L-2000A/4F	2000A	m	1780.00	
16	铝导体密集母线	GLMC-L-2250A/4F	2250A	m	2002.00	
17	铝导体密集母线	GLMC-L-2500A/4F	2500A	m	2225.00	

续表

序号	产品名称及型号规格		规格	单位	单价(元)	备注
18	铝导体密集母线	GLMC-L-2800A/4F	2800A	m	2492.00	三相四线铝导体:母线N线等同于相线,如果采用50%的N线,此价格下浮6%
19	铝导体密集母线	GLMC-L-3150A/4F	3150A	m	2803.00	
20	铝导体密集母线	GLMC-L-3600A/4F	3600A	m	3204.00	
21	铝导体密集母线	GLMC-L-4000A/4F	4000A	m	3560.00	
22	铝导体密集母线	GLMC-L-4500A/4F	4500A	m	4005.00	
23	铝导体密集母线	GLMC-L-5000A/4F	5000A	m	4450.00	
24	铝导体密集母线	GLMC-L-5500A/4F	5500A	m	4895.00	
三　相　四　线						
1	铜导体密集型	GLMC-T-250A/4F	250A	m	495.00	三相四线铜导体:母线槽N相等同于相线,N线按相线50%价格下调6%
2	铜导体密集型	GLMC-T-315A/4F	315A	m	623.00	
3	铜导体密集型	GLMC-T-400A/4F	400A	m	792.00	
4	铜导体密集型	GLMC-T-500A/4F	500A	m	990.00	
5	铜导体密集型	GLMC-T-630A/4F	630A	m	1247.00	
6	铜导体密集型	GLMC-T-700A/4F	700A	m	1386.00	
7	铜导体密集型	GLMC-T-800A/4F	800A	m	1584.00	
8	铜导体密集型	GLMC-T-900A/4F	900A	m	1782.00	
9	铜导体密集型	GLMC-T-1000A/4F	1000A	m	1980.00	
10	铜导体密集型	GLMC-T-1100A/4F	1100A	m	2178.00	
11	铜导体密集型	GLMC-T-1250A/4F	1250A	m	2475.00	
12	铜导体密集型	GLMC-T-1400A/4F	1400A	m	2772.00	

序号	产品名称及型号规格		规格	单位	单价(元)	备注
13	铜导体密集型	GLMC-T-1600A/4F	1600A	m	3168.00	
14	铜导体密集型	GLMC-T-1800A/4F	1800A	m	3564.00	
15	铜导体密集型	GLMC-T-2000A/4F	2000A	m	3960.00	
16	铜导体密集型	GLMC-T-2250A/4F	2250A	m	4455.00	
17	铜导体密集型	GLMC-T-2500A/4F	2500A	m	4950.00	
18	铜导体密集型	GLMC-T-2800A/4F	2800A	m	5544.00	
19	铜导体密集型	GLMC-T-3150A/4F	3150A	m	6237.00	三相四线铜导体:母线槽N相等同于相线,N线按相线50%价格下调6%
20	铜导体密集型	GLMC-T-3600A/4F	3600A	m	7128.00	
21	铜导体密集型	GLMC-T-4000A/4F	4000A	m	7920.00	
22	铜导体密集型	GLMC-T-4500A/4F	4500A	m	8910.00	
23	铜导体密集型	GLMC-T-5000A/5F	5000A	m	9900.00	
24	铜导体密集型	GLMC-T-5500A/6F	5500A	m	10890.00	
25	铜导体密集型	GLMC-T-6300A/7F	6300A	m	12474.00	
26	铜导体密集型	GLMC-T-7000A/4F	7000A	m	13860.00	
27	铜导体密集型	GLMC-T-8000A/5F	8000A	m	15840.00	
三 相 五 线						
1	铜导体密集型	GLMC-T-250A/5F	250A	m	525.00	三相五线铜导体:独立PE线、N线等同于相线,PE线按相线的50%截面积,如果采用外壳PE线同四线价格
2	铜导体密集型	GLMC-T-315A/5F	315A	m	661.00	
3	铜导体密集型	GLMC-T-400A/5F	400A	m	840.00	
4	铜导体密集型	GLMC-T-500A/5F	500A	m	1050.00	

序号	产品名称及型号规格		规格	单位	单价(元)	备注
5	铜导体密集型	GLMC-T-630A/5F	630A	m	1323.00	
6	铜导体密集型	GLMC-T-700A/6F	700A	m	1470.00	
7	铜导体密集型	GLMC-T-800A/6F	800A	m	1680.00	
8	铜导体密集型	GLMC-T-900A/6F	900A	m	1890.00	
9	铜导体密集型	GLMC-T-1000A/6F	1000A	m	2100.00	
10	铜导体密集型	GLMC-T-1100A/5F	1100A	m	2310.00	
11	铜导体密集型	GLMC-T-1250A/5F	1250A	m	2625.00	
12	铜导体密集型	GLMC-T-1400A/5F	1400A	m	2940.00	
13	铜导体密集型	GLMC-T-1600A/5F	1600A	m	3360.00	三相五线铜导体:独立 PE 线、N 线等同于相线,PE 线按相线的 50% 截面积,如果采用外壳 PE 线同四线价格
14	铜导体密集型	GLMC-T-1800A/5F	1800A	m	3780.00	
15	铜导体密集型	GLMC-T-2000A/5F	2000A	m	4200.00	
16	铜导体密集型	GLMC-T-2250A/5F	2250A	m	4725.00	
17	铜导体密集型	GLMC-T-2500A/5F	2500A	m	5250.00	
18	铜导体密集型	GLMC-T-2800A/5F	2800A	m	5880.00	
19	铜导体密集型	GLMC-T-3150A/5F	3150A	m	6615.00	
20	铜导体密集型	GLMC-T-3600A/5F	3600A	m	7560.00	
21	铜导体密集型	GLMC-T-4000A/5F	4000A	m	8400.00	
22	铜导体密集型	GLMC-T-4500A/5F	4500A	m	9450.00	
23	铜导体密集型	GLMC-T-5000A/5F	5000A	m	10500.00	
24	铜导体密集型	GLMC-T-5500A/5F	5500A	m	11550.00	

续表

序号	产品名称及型号规格		规格	单位	单价(元)	备注
25	铜导体密集型	GLMC-T-6300A/5F	6300A	m	13230.00	三相五线铜导体:独立PE线、N线等同于相线,PE线按相线的50%截面积,如果采用外壳PE线同四线价格
26	铜导体密集型	GLMC-T-7000A/5F	7000A	m	14700.00	
27	铜导体密集型	GLMC-T-8000A/5F	8000A	m	16800.00	
耐火母线槽						
1	矿物质耐火母线槽	GLMC-T-200A/5MR	200A	m	780.00	三相五线铜导体:独立PE线、N线等同于相线,PE线按相线的50%截面积,如果采用外壳PE线,同三相四线价格
2	矿物质耐火母线槽	GLMC-T-250A/5MR	250A	m	975.00	
3	矿物质耐火母线槽	GLMC-T-315A/5MR	315A	m	1229.00	
4	矿物质耐火母线槽	GLMC-T-400A/5MR	400A	m	1560.00	
5	矿物质耐火母线槽	GLMC-T-500A/5MR	500A	m	1950.00	
6	矿物质耐火母线槽	GLMC-T-630A/5MR	630A	m	2457.00	
7	矿物质耐火母线槽	GLMC-T-700A/5MR	700A	m	2730.00	
8	矿物质耐火母线槽	GLMC-T-800A/5MR	800A	m	3120.00	
9	矿物质耐火母线槽	GLMC-T-900A/5MR	900A	m	3510.00	
10	矿物质耐火母线槽	GLMC-T-1000A/5MR	1000A	m	3900.00	
11	矿物质耐火母线槽	GLMC-T-1100A/5MR	1100A	m	4290.00	
12	矿物质耐火母线槽	GLMC-T-1250A/5MR	1250A	m	4875.00	
13	矿物质耐火母线槽	GLMC-T-1400A/5MR	1400A	m	5460.00	
14	矿物质耐火母线槽	GLMC-T-1600A/5MR	1600A	m	6240.00	
15	矿物质耐火母线槽	GLMC-T-1800A/5MR	1800A	m	7020.00	
16	矿物质耐火母线槽	GLMC-T-2000A/5MR	2000A	m	7800.00	

序号	产品名称及型号规格		规格	单位	单价(元)	备注
17	矿物质耐火母线槽	GLMC-T-2250A/5MR	2250A	m	8775.00	
18	矿物质耐火母线槽	GLMC-T-2500A/5MR	2500A	m	9750.00	
19	矿物质耐火母线槽	GLMC-T-2800A/5MR	2800A	m	10920.00	三相五线铜导体:独立 PE 线、N 线等同于相线,PE 线按相线的50%截面积,如果采用外壳 PE 线,同三相四线价格
20	矿物质耐火母线槽	GLMC-T-3150A/5MR	3150A	m	12285.00	
21	矿物质耐火母线槽	GLMC-T-3600A/5MR	3600A	m	14040.00	
22	矿物质耐火母线槽	GLMC-T-4000A/5MR	4000A	m	15600.00	
23	矿物质耐火母线槽	GLMC-T-4500A/5MR	4500A	m	17550.00	
24	矿物质耐火母线槽	GLMC-T-5000A/5MR	5000A	m	19500.00	

耐　火　母　线　槽

序号	产品名称及型号规格		规格	单位	单价(元)	备注
1	矿物质耐火母线槽	GLMC-T-200A/4MR	200A	m	734.00	
2	矿物质耐火母线槽	GLMC-T-250A/4MR	250A	m	918.00	
3	矿物质耐火母线槽	GLMC-T-315A/4MR	315A	m	1156.00	
4	矿物质耐火母线槽	GLMC-T-400A/4MR	400A	m	1468.00	
5	矿物质耐火母线槽	GLMC-T-500A/4MR	500A	m	1835.00	三相四线:N 线等同于相线截面,N 线按相线50%价格下浮6%
6	矿物质耐火母线槽	GLMC-T-630A/4MR	630A	m	2312.00	
7	矿物质耐火母线槽	GLMC-T-700A/4MR	700A	m	2569.00	
8	矿物质耐火母线槽	GLMC-T-800A/4MR	800A	m	2936.00	
9	矿物质耐火母线槽	GLMC-T-900A/4MR	900A	m	3303.00	
10	矿物质耐火母线槽	GLMC-T-1000A/4MR	1000A	m	3670.00	
11	矿物质耐火母线槽	GLMC-T-1100A/4MR	1100A	m	4037.00	

续表

序号	产品名称及型号规格		规格	单位	单价(元)	备注
12	矿物质耐火母线槽	GLMC-T-1250A/4MR	1250	m	4587.00	
13	矿物质耐火母线槽	GLMC-T-1400A/4MR	1400A	m	5138.00	
14	矿物质耐火母线槽	GLMC-T-1600A/4MR	1600A	m	5872.00	
15	矿物质耐火母线槽	GLMC-T-1800A/4MR	1800A	m	6606.00	
16	矿物质耐火母线槽	GLMC-T-2000A/4MR	2000A	m	7340.00	
17	矿物质耐火母线槽	GLMC-T-2250A/4MR	2250A	m	8257.00	三相四线:N线等同于相线截面,N线按相线50%价格下浮6%
18	矿物质耐火母线槽	GLMC-T-2500A/4MR	2500A	m	9175.00	
19	矿物质耐火母线槽	GLMC-T-2800A/4MR	2800A	m	10276.00	
20	矿物质耐火母线槽	GLMC-T-3150A/4MR	3150A	m	11560.00	
21	矿物质耐火母线槽	GLMC-T-3600A/4MR	3600A	m	13212.00	
22	矿物质耐火母线槽	GLMC-T-4000A/4MR	4000A	m	14680.00	
23	矿物质耐火母线槽	GLMC-T-4500A/4MR	4500A	m	16515.00	
24	矿物质耐火母线槽	GLMC-T-5000A/4MR	5000A	m	18350.00	

配件参考价　　　　　　　　　　　　　　　表 4.2-3

		配 件 价 格			
品名	型号规格	单位	单价(元)	备注	
普通插接箱	63A 以下	台	420	不含开关、不带机械联锁装置	
	100 型	台	630		
	225 型	台	850		
耐火型插接箱	63 型	台	670		
	100 型	台	980		
	225 型	台	1680		

| 配 件 价 格 | | | | |
品名	型号规格	单位	单价(元)	备注
分线开关箱 普通型	100 型	台	720	不含开关
	225 型	台	930	
	400 型	台	1160	
	630 型	台	1320	
	1000 型	台	1570	
弹簧支架		付	135	单弹簧、双弹簧加 30 元
吊架	1m	付	115	超过 1m 按长度增加

珠海光乐电力母线槽有限公司

光乐品牌，始创立于1992年。24年的成长发展，因专注，从而成就卓越。

- ◆ 密集型母线槽
- ◆ 照明母线槽
- ◆ 矿物质耐火母线槽
  - √ 16A～6300A
  - √ IP54/IP65/IP66/IP68

- 22项国家实用新型专利，4项国家发明专利
- 全国第一家最早成功研制矿物质耐火母线槽的专业厂家

- 国家现行GB 7251系列母线槽标准参编与修订单位
- 行业现行JB系列母线槽标准参编与修订单位
- CECS 170《低压母线槽应用技术规程》修订主编单位

- ◆ 市场和服务覆盖全国，已应用于：高层建筑（住宅、酒店、写字楼等）、体育场馆、会展场馆、轨道交通（高铁、地铁、城际轻轨等）、机场、数据中心、学校、城市CBD综合体、通讯（中国移动、中国电信、应急指挥中心）等众多项目，运行安全稳定。

网址：www.gl-mc.cn

电话：0756-8682565 13926932663

地址：广东省珠海市南屏科技工业园屏东一路大同街2号

微信公众号：